要点確認

応用情報技術者【午前】

ポケット○《マル》×《バツ》問題集

近藤孝之 著

技術評論社

はじめに

本書は、応用情報技術者試験の一問一答問題集です。
応用情報技術者試験は、基本情報技術者試験の次のステップとして、現在最も人気のある試験です。皆さんも、すでに試験に向けて勉強を進めていることでしょう。

しかし、いよいよ試験を受ける日が近付いて、「もう少し、知識をまとめたい」あるいは「今までの勉強の整理整頓をしたい」と思う方も多いでしょう。

そんなときに役に立つのが、この一問一答問題集です。本書では、各分野の午前問題の中から464問を用意し、一問一答形式で知識を整理できるようにしておきました。

過去に実際に出題された午前問題をベースにして問題を作成してありますので、試験対策としては最適です。午前問題は、数年前に出題されたものがそのまま再び出題されることもありますから、本書を勉強しておくことは、とても得なのです。そして、応用情報技術者試験をしっかりと勉強しておくことで、次の高度情報技術者試験の対策にもなります。

通勤通学の車内や、ちょっとした空き時間などにぱらぱらとページをめくりながら、今までの勉強をまとめましょう。本書で、応用情報技術者試験を突破できることをお祈りします。

2020年10月　近藤　孝之

試験について

応用情報技術者試験の対象者は、「高度IT人材となるために必要な応用的知識・技能をもち、高度IT人材としての方向性を確立した者」とされています。

	午前	午後
試験時間	9:30～12:00(150分)	13:00～15:30(150分)
出題形式	多肢選択式(四肢択一)	記述式
出題数	80問	11問
解答数	80問	5問
合格基準	60%以上	60%以上

午前問題は四肢択一の小問です(出題範囲は下記参照)。多くの問題では、四つのうち二つの選択肢は、すぐに消去することができますので、二肢択一まで絞りこめます。本書でしっかりと学習し、確実に答えを導き出せるようにしましょう。

分野	大分類
テクノロジ系(50問)	基礎理論
	コンピュータシステム
	技術要素
	開発技術
マネジメント系(10問)	プロジェクトマネジメント
	サービスマネジメント
ストラテジ系(20問)	システム戦略
	経営戦略
	企業と法務

本書の使い方

- 本書は応用情報技術者試験の午前問題に対応した、一問一答形式の○×問題集です。
- 過去の応用情報試験をもとに、重要なポイントを厳選して作成したオリジナル問題＋過去問を464問収録しています。何度も繰り返し解くことによって知識が定着し、理解力がアップします。
- 問題と解答が確認しやすい見開き構成で、手軽に要点を確認できます。
- 付属の赤シートを使って下線や赤色文字を隠せば、問題をより難しくしたり、穴埋め問題として利用したりすることもできます。

問題ページ

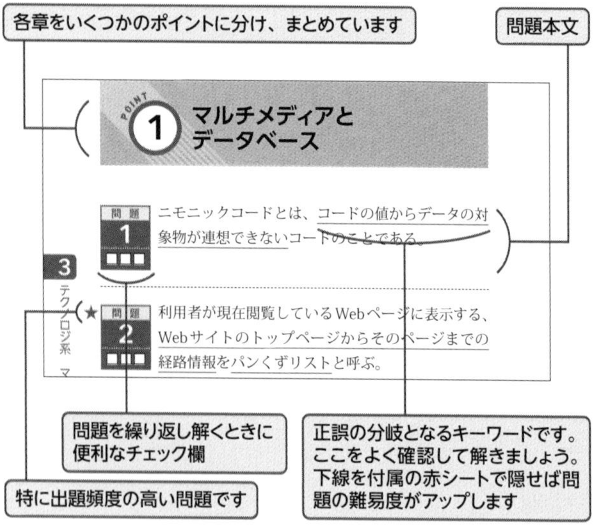

本書の構成

- 出題分野ごとに章分けされているので、苦手分野を集中的に学習することができます。
- 各節の終わりには、難易度の高い長文問題や計算問題を揃えた挑戦問題を用意しています。問題文の下線も無いので、腕試しとして取り組むことをおすすめします。
- 章ごとに置かれた「難関突破」では、実際に出題された過去問からピックアップした難問を掲載しています。また、各章の巻末には「これだけは覚えておきたい重要単語」を簡潔にまとめてあります。

解答ページ

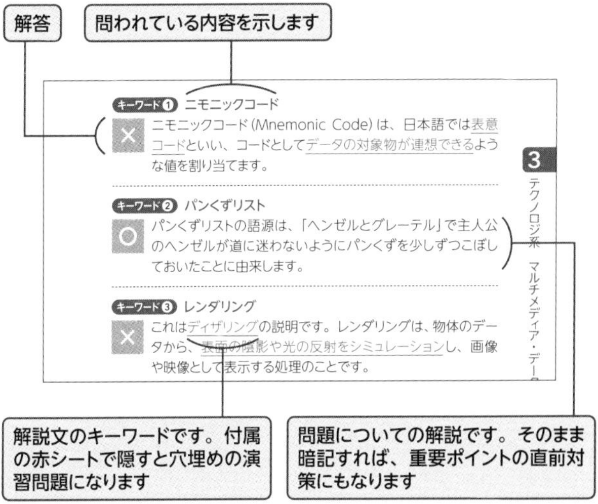

目次

第1章	テクノロジ系　基礎理論	7
1	基礎理論	8
2	アルゴリズムとプログラミング	16
	難関突破	24
第2章	テクノロジ系　コンピュータシステム	31
1	コンピュータとシステムの構成要素	32
2	ソフトウェアとハードウェア	46
	難関突破	58
第3章	テクノロジ系　マルチメディア・データベース	65
1	マルチメディアとデータベース	66
	難関突破	82
第4章	テクノロジ系　ネットワークとセキュリティ	89
1	ネットワーク	90
2	セキュリティ	102
	難関突破	122
第5章	テクノロジ系　開発技術	129
1	システムとコンピュータの開発技術	130
	難関突破	138
第6章	マネジメント系　プロジェクトマネジメント	141
1	プロジェクトマネジメント	142
	難関突破	148
第7章	マネジメント系　サービスマネジメント	153
1	サービスマネジメント	154
	難関突破	168
第8章	ストラテジ系　システム・経営戦略	173
1	システム戦略とシステム企画	174
2	経営戦略	186
	難関突破	200
第9章	ストラテジ系　企業と法務	207
1	企業活動	208
2	法務	216
	難関突破	226

第 1 章

テクノロジ系 基礎理論

この分野では、離散数学や応用数学、情報に関する理論が出題されます。
テーマ自体は基本情報技術者試験と同じですが、アルゴリズムなどのより高度な知識が問われます。計算問題が多い分野でもあるので、必要な理論はしっかりと理解しておきましょう。

POINT 1 基礎理論

問題 1 □□□

正規分布では、標準偏差をσとすると平均値$\pm 2\sigma$の範囲に全体の約99%が含まれる。

問題 2 □□□

全体集合S内に異なる部分集合AとBがあるとき、$\overline{A} \cap \overline{B}$は、$\overline{A} - B$に等しい。

問題 3 □□□

8ビットのデータXの値を16進表現で0Fとするとき、論理式$\overline{A} \cdot X$は8ビットのデータAの下位4ビットを反転させ、上位4ビットを0にする。

問題 4 □□□

すべての標本点が直線上にあるときは、相関係数が＋1になる。

★**問題 5** □□□

値がほぼ等しい二つの数値の差を求めたとき、有効桁数が減ることによって発生する誤差を、打切り誤差という。

問題 6 □□□

あるホテルは客室を1,000部屋もち、部屋番号は、数字4と9を使用しないで0001から順に数字4桁の番号としている。このとき、部屋番号が0330の部屋は216番目である。

キーワード① 正規分布

× 正しくは、全体の約95%が含まれます。全体の約99%が含まれるのは、平均値±3σの範囲です。

キーワード② 集合

○ $\overline{A}$はAの外側、$\overline{B}$もBの外側で、∩は積集合（共通部分）ですから、$\overline{A}\cap\overline{B}$は、AとBの外側です。一方、$\overline{A}$からBを除いた差集合もAとBの外側です。

キーワード③ 論理式

○ 0FとANDを取りますから、上位4ビットは0になります。下位4ビットは、$\overline{A}$により反転し、これとF（2進数1111）とのANDを取ることでそのまま取り出されます。

キーワード④ 相関係数

× すべての標本点が正の傾きをもつ直線上にあるときは、相関係数は+1になりますが、負の傾きをもつ直線上にあるときは、相関係数は−1になります。なお、相関がなければ、相関係数は0です。

キーワード⑤ 打切り誤差

× 打切り誤差とは、無限級数で表される数値の計算処理を有限項で打ち切ったことによって発生する誤差です。問題文は桁落ちのことです。

キーワード⑥ 8進数

○ 数字4と9を使用しないので、部屋番号に使用する数字は8種類になり、8進数として考えられます。8進数の330＝3×8×8＋3×8＋0＝192＋24＝216です。

★ **問題 7** □□□

指定された有効桁数で演算結果を表すために、切捨て、切上げ、四捨五入などで下位の桁を削除することによって発生する誤差を、情報落ちという。

★ **問題 8** □□□

TOF方式のセンサは、光源から射出されたレーザなどの光が、対象物に反射してセンサに届くまでの時間を利用して距離を測定する。

問題 9 □□□

組込みシステムにおけるリアルタイムシステムにおいて、システムへの入力に対する応答は、入力された順序を守って応答する。

★ **問題 10** □□□

ハフマン符号化方式は、0と1の数字で構成する符号の中で、0または1の連なりを一つのブロックとし、このブロックに長さを表す符号を割り当てる。

★ **問題 11** □□□

AIにおけるディープラーニングは、知識がルールに従って表現されており、演繹手法を利用した推論によって有意な結論を導く手法である。

問題 12 □□□

プロットされた時系列データに対して、曲線の当てはめを行い、得られた近似曲線によってデータの補完や未来予測を行う回帰分析は、AIの機械学習における教師なし学習で用いられる手法である。

キーワード⑦ 情報落ち

×　これは、丸め誤差のことです。情報落ちとは、絶対値が非常に大きな数値と小さな数値の加減算を行ったとき、小さい数値が計算結果に反映されないために発生する誤差です。

キーワード⑧ TOF方式

○　TOF (Time of Flight) 方式のセンサは、自動車の先端運転支援システムや家庭用ゲーム機などに採用されている距離画像センサの一つです。

キーワード⑨ リアルタイムシステム

×　リアルタイムシステムは、定められた制限時間内に応答する制御方式です。

キーワード⑩ ハフマン符号

×　これは、ランレングス法のことです。ハフマン符号化方式は、発生確率がわかっている記号群を符号化したとき、1記号当たりの平均符号長が最小になるように割り当てます。

キーワード⑪ ディープラーニング

×　これは、エキスパートシステムのことです。ディープラーニングは、あるデータから結果を求める処理において、人間の脳神経回路のように多層の処理を重ねることによって、複雑な判断をできるようにします。

キーワード⑫ 教師なし学習

×　回帰分析は、教師あり学習にあたります。教師なし学習で用いられる手法としてはクラスタリングや次元削減などがあります。

問題 13 □□□

A＝0、B＝1、…、Z＝25とすると、10進数123を字A～Zを用いた26進数で表したものはETである。

問題 14 □□□

2桁の2進数z_1z_2が表す整数をzとすると、2進数z_2z_1が表す整数は、$2z+3\mathrm{int}(z/2)$となる。

問題 15 □□□

サンプリング周波数40kHz、量子化ビット数16ビットでA/D変換したモノラル音声の1秒間のデータ量は、80kバイトとなる。

問題 16 □□□

有限オートマトンは、デジタル回路の設計に使われるが、プログラムの設計に使われることはない。

問題 17 □□□

3台の機械A、B、Cが良品を製造する確率は、それぞれ60%、70%、80%である。機械A、B、Cが製品を一つずつ製造したとき、いずれか二つの製品が良品で残り一つが不良品になる確率は45.2%である。

キーワード⑬ 26進数

○

123＝26×4＋19ですから、4と19をA～Zの26進数で表します。A＝0、B＝1、…、Z＝25とすると、4＝E、19＝Tですから、123はETとなります。

キーワード⑭ 2進数

×

問題中のint(z/2)は、zを右に1ビットシフトさせてz_2を小数にしてから整数部分を取り出す操作であり、z_1を表します。ここで2zとz_2z_1の値を比べると、$2z=z_1\times 4+z_2\times 2$に対し、$z_2z_1=z_2\times 2+z_1$なので、$z_2z_1$が$3z_1$だけ大きいです。したがって、正解は$2z-3\mathrm{int}(z/2)$となります。

キーワード⑮ 音声サンプリング

○

サンプリング周波数40kHz、量子化ビット数16ビットですので、40×16＝640kビットになります。バイトに直せば、640k÷8＝80kバイトです。

キーワード⑯ 有限オートマトン

×

有限オートマトンは、いろいろな問題に応用でき、プログラムの設計はもちろん、通信プロトコルの設計などでも使われます。

キーワード⑰ 確率

○

まず、AとBが良品でCが不良品となる確率は、60%×70%×(100%−80%)＝8.4%です。A、Bのみ不良品となる確率も同様であり、それぞれ22.4%、14.4%です。これらの事象は相互に排他的ですので、和の法則により、求める確率は8.4＋14.4＋22.4＝45.2%となります。

挑戦問題

問題 1 □□□

0以上255以下の整数nに対して、

$$\mathrm{next}(n)=\begin{cases} n+1 & (0\leqq n<255) \\ 0 & (n=255) \end{cases}$$

と定義すると、$\mathrm{next}(n)$は$(n+1)$ AND 255と等しい。

問題 2 □□□

$(1+\alpha)^n$の計算を、$1+n\times\alpha$で近似計算できる条件は、$|\alpha|$が1に比べて非常に大きいことである。

問題 3 □□□

通信回線を使用したデータ伝送システムにM/M/1の待ち行列モデルを適用すると、次の式が成り立つ。

平均回線待ち時間＝

平均伝送時間×(回線利用率/1－回線利用率)

回線利用率が0から徐々に増加していく場合、平均回線待ち時間が平均伝送時間よりも最初に長くなるのは、回線利用率が0.5を超えたときである。

問題 4 □□□

表は、文字A～Eを符号化したときのビット表記と、それぞれの文字の出現確率を表したものである。このとき、1文字当たりの平均ビット数は1.6である。

文字	ビット表記	出現確率（%）
A	0	50
B	10	30
C	110	10
D	1110	5
E	1111	5

キーワード① ビット演算

○ nが254以下のとき、(n+1) AND 255は(n+1)をそのまま取り出すことになります。254+1=255で、255の2進数は11111111だからです。しかし、nが255のとき、(n+1)は100000000ですから、255とANDを取っても0になります。

キーワード② 近似値

× 正しくは、|α|が1に比べて非常に大きいではなく、小さいことです。

キーワード③ 待ち行列モデル

○ 回線利用率=0.5を代入すると、回線利用率/(1−回線利用率)=0.5/(1−0.5)=1となり、平均回線待ち時間は平均伝送時間と等しくなります。さらに回線利用率が0.5を超えてたとえば0.6になると、回線利用率/(1−回線利用率)=0.6/(1−0.6)=0.6/0.4=1.5となり、平均回線待ち時間が平均伝送時間よりも長くなります。

キーワード④ 平均ビット数

× 正しくは、1.8です。
1ビット×50%+2ビット×30%+3ビット×10%+4ビット×5%+4ビット×5%=0.5+0.6+0.3+0.2+0.2=1.8

POINT 2 アルゴリズムとプログラミング

問題 1

葉以外の節点はすべて二つの子をもち、根から葉までの深さがすべて等しい木は、葉の個数がnならば、葉以外の節点の個数もnである。

問題 2

再帰的な処理を実現するためには、再帰的に呼び出したときのレジスタ及びメモリの内容を保存する必要がある。そのための記憶管理方式はFIFOである。

問題 3

A、B、Cの順序で入力されるデータがある。各データにスタックへの挿入と取り出しを1回ずつ行える場合、データの出力順序は6通りである。

★ 問題 4

JavaScriptの言語仕様のうち、“名前と値の組みの集まり”と“値の順序付きリスト”の二つの構造に基づいてオブジェクトを表現する、データ記述の仕様をJSONという。

問題 5

先頭ポインタと末尾ポインタをもち、多くのデータがポインタでつながった単方向の線形リストの処理において、先頭ポインタ、末尾ポインタまたは各データのうち、ポインタをたどる回数が最も多いものは末尾のデータを削除する処理である。

キーワード① 完全2分木

× このような木を完全2分木といいます。葉以外の節点の個数はnではなく、$n-1$です。

キーワード② 再帰

× 再帰的な処理を実現するためには、スタックを使います。スタックは、FIFO (First In First Out＝先入先出法) ではなく、LIFO (Last In First Out＝後入先出法) です。

キーワード③ スタック

× 考えられうる出力順序は3×2＝6通りですが、C→A→Bの順に出力させることはできません。最初にCを出力させるには、AとBはこの順にスタックに挿入しなければなりませんが、Bより先にAを取り出すことはできないためです。よって、データの出力順序は5通りです。

キーワード④ JSON

○ JSONは、JavaScript Object Notationの略で、「ジェイソン」と読みます。JavaScriptでの利用に限られたものではなく、あらゆる言語で活用されています。

キーワード⑤ 線形リスト

○ 単方向ですので、末尾からたどることができず、先頭から末尾の1つ前までたどらなければなりません。追加するデータはポインタをたどらなくても参照できます。

問題 6 □□□

バブルソートは、分割統治を利用した整列法である。

問題 7 □□□

再帰的プログラムは、手続の中でそれ自体を呼び出すプログラムであるが、再入可能ではない。

問題 8 □□□

ヒープソートは、隣り合う要素を比較して、大小の順が逆であれば、それらの要素を入れ替えるという操作を繰り返す。

問題 9 □□□

クイックソートは、ある間隔おきに取り出した要素から成る部分列をそれぞれ整列し、さらに間隔を詰めて同様の操作を行い、間隔が1になるまでこれを繰り返す。

★問題 10 □□□

オブジェクト指向プログラミングにおいて、同一クラス内に、メソッド名が同一であって、引数の型、個数または並び順が異なる複数のメソッドを定義することをオーバーライドと呼ぶ。

★問題 11 □□□

fact(n)が、非負の整数nに対してnの階乗を返すなら、fact(n)の再帰的な定義は、if $n=0$ then return 1 else return $n \times$ fact($n+1$)である。

キーワード⑥ 整列法

× バブルソートは、逐次添加法を利用した整列法です。分割統治を利用した整列法としては、クイックソートなどがあります。

キーワード⑦ 再帰

× 再入可能とは、同時に複数箇所から呼び出されても問題がないことで、再帰的プログラムはそれ自体を呼び出す性質上、再入可能です。

キーワード⑧ ヒープソート

× これは、バブルソートです。ヒープソートは、未整列の部分を順序木にし、そこから最小値を取り出して整列済の部分に移します。この操作を繰り返して、未整列の部分を縮めていきます。

キーワード⑨ クイックソート

× これは、シェルソートです。クイックソートは、中間的な基準値を決めて、それよりも大きな値を集めた区分と、小さな値を集めた区分に要素を振り分けます。次に、それぞれの区分の中で同様の処理を繰り返します。

キーワード⑩ オーバーライド

× 正しくは、オーバーロードです。オーバーライドとは、動作を上書きすることで、スーパークラスで定義されたメソッドをサブクラスで定義し直すことです。

キーワード⑪ 再帰関数

× $n \times \mathrm{fact}(n+1)$ では、発散してしまいます。正しくは、if $n=0$ then return 1 else return $n \times \mathrm{fact}(n-1)$ です。

挑戦問題

問題 1 □□□

2次元配列$A[i, j]$（i, jはいずれも0～99の値をとる）の$i > j$である要素$A[i, j]$は全部で4,950である。

問題 2 □□□

要求に応じて可変量のメモリを割り当てるメモリ管理方式について、要求量以上の大きさをもつ空き領域のうちで最小のものを割り当てる最適適合（best-fit）アルゴリズムを用いる場合、空き領域を管理するためのデータ構造として、空き領域のアドレスをキーとする2分探索木はメモリ割り当て時の効率がよい。

問題 3 □□□

あるB木は、各節点に4個のキーを格納し、5本の枝を出す。このB木の根（深さのレベル0）から深さのレベル2までの節点に格納できるキーの個数は、最大で124である。

問題 4 □□□

自然数をキーとするデータを、ハッシュ表を用いて管理する。キーxのハッシュ関数$h(x)$を $h(x) = x \bmod n$とすると、$a - b$がnの倍数であることは、任意のキーaとbが衝突する条件である。

問題 5 □□□

自然数を除数とした剰余を返すハッシュ関数がある。値がそれぞれ571、1168、1566である三つのレコードのキー値を入力値としてこのハッシュ関数を施したところ、すべてのハッシュ値が衝突したとすると、このとき使用した除数は199である。

キーワード① 配列

○ $i=0$のとき0個、$i=99$のとき99個で要素数100ですから、(0+99)×100÷2=99×50=4,950です。

キーワード② メモリ管理

× 空き領域のアドレスをキーとしても、空き領域をうまく探索することはできません。空き領域の大きさをキーとする2分探索木なら、適切に探索できます。

キーワード③ B木

○ 深さのレベル0では節点は1です。ここから5本の枝が出ますから、深さのレベル1では節点は5です。さらに深さのレベル2では節点は5×5=25です。すると、節点の総数は1+5+25=31です。各節点に4個のキーを格納しますから、キーの個数は、最大で31×4=124です。

キーワード④ シノニム

○ aとbをnで割って余りがともにxになる場合を考えると、$a=\alpha\times n+x$、$b=\beta\times n+x$ですから、$a-b=n\times(\alpha-\beta)$となります。よって、余りがともに$x$になるとき、$a-b$は$n$の倍数です。

キーワード⑤ ハッシュ関数

○ 571÷199=2余り173、1168÷199=5余り173、1566÷199=7余り173となり、たしかに余りがすべて等しいですから、すべてのハッシュ値が衝突します。

問題 6 □□□

非負の整数m、nに対して次のとおりに定義された関数Ack(m, n)がある。Ack(1, 3)の値は4である。

$$\mathrm{Ack}(m, n) = \begin{cases} \mathrm{Ack}(m-1, \mathrm{Ack}(m, n-1)) & (m>0 \text{ かつ } n>0 \text{ のとき}) \\ \mathrm{Ack}(m-1, 1) & (m>0 \text{ かつ } n=0 \text{ のとき}) \\ n+1 & (m=0 \text{ のとき}) \end{cases}$$

問題 7 □□□

キーが小文字のアルファベット1文字（a, b, ..., zのいずれか）であるデータを、大きさが10のハッシュ表に格納する。ハッシュ関数として、アルファベットのASCIIコードを10進表記法で表したときの1の位の数を用いることにすると、dとxは、衝突が起こるキーの組合せである。

問題 8 □□□

モンテカルロ法で正方形に内接する円の面積を近似的に求めるには、円に内接する正多角形の面積から計算する。

キーワード⑥ 再帰関数

×

正しくは5です。

$$
\begin{aligned}
\mathrm{Ack}(1,3) &= \mathrm{Ack}(0, \mathrm{Ack}(1, 2)) \\
&= \mathrm{Ack}(0, \mathrm{Ack}(0, \mathrm{Ack}(1, 1))) \\
&= \mathrm{Ack}(0, \mathrm{Ack}(0, \mathrm{Ack}(0, \mathrm{Ack}(1, 0)))) \\
&= \mathrm{Ack}(0, \mathrm{Ack}(0, \mathrm{Ack}(0, \mathrm{Ack}(0, 1)))) \\
&= \mathrm{Ack}(0, \mathrm{Ack}(0, \mathrm{Ack}(0, 2))) \\
&= \mathrm{Ack}(0, \mathrm{Ack}(0, 3)) = \mathrm{Ack}(0, 4) = 5
\end{aligned}
$$

キーワード⑦ ハッシュ関数

○

大きさが10のハッシュ表で、ハッシュ関数として、アルファベットのASCIIコードを10進表記法で表したときの1の位の数を用いるので、距離が10離れると衝突し、そこから10離れるごとに衝突を繰り返します。dは4番目、xは24番目で、ちょうど20離れていますから、この条件を満たします。

キーワード⑧ モンテカルロ法

×

これは、解析的に求める方法です。モンテカルロ法では、正方形内に乱数を用いて多数の点を一様に打ち、円の中にある点の個数によって求めます。

第1章 難関突破

問題 1

nビットの値L_1、L_2がある。次の操作によって得られる値L_3は、L_1とL_2に対するどの論理演算の結果と同じか。

〔操作〕

(1) L_1とL_2のビットごとの論理和をとって、変数Xに記憶する。

(2) L_1とL_2のビットごとの論理積をとって更に否定をとり、変数Yに記憶する。

(3) XとYのビットごとの論理積をとって、結果をL_3とする。

ア　排他的論理和　　イ　排他的論理和の否定

ウ　論理積の否定　　エ　論理和の否定

（平成28年春期午前問1）

解答❶
ア

(1) L_1とL_2のビットごとの論理和をとって、変数Xに記憶する。

L_1	L_2	論理和をとって、変数X
0	0	0
0	1	1
1	0	1
1	1	1

(2) L_1とL_2のビットごとの論理積をとって更に否定をとり、変数Yに記憶する。

L_1	L_2	論理積をとって 更に否定をとり、変数X
0	0	0
0	1	1
1	0	1
1	1	0

(3) XとYのビットごとの論理積をとって、結果をL_3とする。

変数X	変数Y	論理積をとってL_3
0	0	0
1	1	1
1	1	1
1	0	0

上の (3) の結果は、排他的論理和であることがわかります。

問題 2

ハミング符号とは、データに冗長ビットを付加して、1ビットの誤りを訂正できるようにしたものである。ここでは、X_1、X_2、X_3、X_4の4ビットから成るデータに、3ビットの冗長ビットP_3、P_2、P_1を付加したハミング符号$X_1X_2X_3P_3X_4P_2P_1$を考える。付加したビットP_1、P_2、P_3は、それぞれ

$$X_1 \oplus X_3 \oplus X_4 \oplus P_1 = 0$$
$$X_1 \oplus X_2 \oplus X_4 \oplus P_2 = 0$$
$$X_1 \oplus X_2 \oplus X_3 \oplus P_3 = 0$$

となるように決める。ここで、$\oplus$は排他的論理和を表す。

ハミング符号1110011には1ビットの誤りが存在する。誤りビットを訂正したハミング符号はどれか。

ア 0110011　　イ 1010011

ウ 1100011　　エ 1110111

（平成30年春期午前問3）

解答②
ア

ハミング符号1110011を分解すると、次のようになります。

$X_1=1$、$X_2=1$、$X_3=1$、$P_3=0$、$X_4=0$、$P_2=1$、$P_1=1$

すると、排他的論理和の計算は、次のようになります。左から2ビットずつ排他的論理和をとっていきます。

$X_1 \oplus X_3 \oplus X_4 \oplus P_1$
$=1 \oplus 1 \oplus 0 \oplus 1=0 \oplus 0 \oplus 1=0 \oplus 1=1$
$X_1 \oplus X_2 \oplus X_4 \oplus P_2$
$=1 \oplus 1 \oplus 0 \oplus 1=0 \oplus 0 \oplus 1=0 \oplus 1=1$
$X_1 \oplus X_2 \oplus X_3 \oplus P_3$
$=1 \oplus 1 \oplus 1 \oplus 0=0 \oplus 1 \oplus 0=1 \oplus 0=1$

つまり、すべての計算が0ではなく1になってしまいました。これは、1ビットの誤りが存在するからですが、そのビットはどれかというと、すべての式に共通して出てくる$X_1=1$ということになります。

これを$X_1=0$と訂正すれば、誤りビットを訂正したハミング符号は0110011になります。

問題 3

次の手順はシェルソートによる整列を示している。データ列7、2、8、3、1、9、4、5、6を手順(1)～(4)に従って整列するとき、手順(3)を何回繰り返して完了するか。ここで、[ ]は小数点以下を切り捨てた結果を表す。

〔手順〕

(1) $H \leftarrow$ [データ数÷3]とする。

(2) データ列を、互いにH要素分だけ離れた要素の集まりから成る部分列とし、それぞれの部分列を、挿入法を用いて整列する。

(3) $H \leftarrow [H \div 3]$とする。

(4) Hが0であればデータ列の整列は完了し、0でなければ(2)に戻る。

ア 2　イ 3　ウ 4　エ 5

（平成31年春期午前問6）

解答❸ ア

一つ一つトレースしてみます。データ数は9です。

(1) 9÷3=3より、H=3です。
(2) 3要素分離れた要素の集まりから成る部分列は、7、3、4と2、1、5と8、9、6で、整列して3、4、7、1、2、5、6、8、9となります。
(3) 3÷3=1より、H=1です(1回目)。
(4) Hが0でないので(2)に戻ります。
(2) 1要素分離れた要素の集まりから成る部分列を整列すると、1、2、3、4、5、6、7、8、9となります。
(3) 1÷3=0より、H=0です(2回目)。
(4) Hが0なので、データ列の整列は完了します。

以上より、手順(3)を2回繰り返します。

これだけは覚えておきたい重要単語

□ 丸め誤差は、近似したときの誤差

□ 打切り誤差は、計算を途中で止めることによる誤差

□ 情報落ちは、浮動小数点数の加算において、一方の数値の下位のけたが結果に反映されないこと

□ けた落ちは、値がほぼ等しい浮動小数点数同士の減算において、有効けた数が大幅に減ってしまうこと

□ TOF方式のセンサは、距離を測定する

□ エキスパートシステムは、演繹《えき》手法を利用した推論によって有意な結論を導く手法

□ ディープラーニングは、人間の脳神経回路のように多層の処理を重ねることによって、複雑な判断をできる

□ ハフマン符号化方式は、1記号当たりの平均符号長が最小になる

□ JSONは、名前と値の組みの集まりと値の順序付きリストの二つの構造に基づいてオブジェクトを表現する、データ記述の仕様

□ オーバーライドは、動作を上書きし、スーパークラスで定義されたメソッドをサブクラスで定義し直す

□ オーバーロードは、同一クラス内に、メソッド名が同一であって、引数の型、個数または並び順が異なる複数のメソッドを定義すること

□ バブルソートは、隣り合う要素を比較して、大小の順が逆であるとき、それらの要素を入れ替える整列アルゴリズム

第2章

テクノロジ系 コンピュータシステム

コンピュータとシステムの構成要素としては、プロセッサ、メモリ、入出力デバイス、評価指標などについて学びます。
転送速度やCPU利用率、稼働率についての計算問題も出ます。パリティについての知識も大切です。
ソフトウェアとハードウェアについては、仮想記憶を中心に、各種メモリ、Hadoop、EJB、SoC、RFIDなどを学びます。

POINT 1 コンピュータとシステムの構成要素

問題 1 □□□

スーパスカラは、一つのチップ内に複数のプロセッサコアを実装し、複数のスレッドを並列に実行する。

問題 2 □□□

間接アドレス指定方式のアドレス部では、処理対象データが格納されている記憶場所のアドレスを指定する。

★ **問題 3** □□□

メモリインタリーブは、主記憶を複数の独立したグループ（バンク）に分けて各バンクに交互にアクセスすることで、主記憶へのアクセスの高速化を図る。

問題 4 □□□

CPUのアキュムレータの役割は、演算を行うために、メモリから読み出したデータを保持することである。

★ **問題 5** □□□

同時に実行可能な複数の動作をコンパイルの段階でまとめ、一つの複合命令とすることで高速化を図る方式をVLIWという。

問題 6 □□□

CPUのプログラムカウンタの役割は、命令のデコードを行うために、メモリから読み出した命令を保持することである。

キーワード① スーパスカラ

×

これは、マルチコアプロセッサのことです。スーパスカラは、並列実行可能な複数の命令を、複数の演算器に振り分けることによって並列に実行します。

キーワード② アドレス指定方式

×

これは直接アドレス指定方式です。間接アドレス指定方式のアドレス部には、処理対象データが格納されている記憶場所のアドレスを指定するアドレスが格納されています。

キーワード③ メモリインタリーブ

○

メモリインタリーブの目的は、複数のバンク（区画）に割り振った連続したアドレスにアクセスしたとき、アクセス時間を短くすることです。

キーワード④ アキュムレータ

×

これは汎用レジスタの役割です。アキュムレータの役割は、演算結果を累積することです。

キーワード⑤ VLIW

○

VLIWは、Very Long Instruction Wordの略であり、超長命令語とも言います。

キーワード⑥ プログラムカウンタ

×

プログラムカウンタ（PC）の役割は、命令を読み出すために、次の命令が格納されたアドレスを保持することです。プログラムレジスタ、命令カウンタと呼ばれることもあります。命令自体を保持するのは命令レジスタの役割です。

★ 問題 7 □□□

メモリの誤り制御方式で、2ビットの誤り検出機能と、1ビットの誤り訂正機能をもたせるのに用いられるのは、水平パリティである。

問題 8 □□□

相変化メモリは、フリップフロップ回路で構成された揮発性メモリである。

問題 9 □□□

キャッシュメモリは、CPUと磁気ディスク装置との間に半導体メモリによるデータバッファを設けて、磁気ディスクアクセスの高速化を図る。

問題 10 □□□

SDメモリカードの上位規格の一つであるSDXCは、著作権保護技術としてAACSを採用し、従来のSDメモリカードよりもセキュリティが強化されている。

問題 11 □□□

NAND型フラッシュメモリは、バイト単位で書き込み及び読出しを行う。

問題 12 □□□

メモリインタリーブは、主記憶と外部記憶を一元的にアドレス付けし、主記憶の物理容量を超えるメモリ空間を提供する。

キーワード⑦ ハミング符号

× 正しくは、ハミング符号です。水平パリティは、1ビットの誤り訂正機能はありますが、検出できる誤りは1ビットのみです。

キーワード⑧ 相変化メモリ

× フリップフロップ回路で記憶を行う揮発性メモリはSRAM (Static RAM) です。相変化メモリは結晶状態と非結晶状態の違いを利用して情報を記憶する不揮発性メモリです。

キーワード⑨ キャッシュメモリ

× これはディスクキャッシュのことです。キャッシュメモリは、主記憶のデータの一部をキャッシュメモリにコピーすることによって、CPUと主記憶とのアクセス速度のギャップを埋める高速化技術です。

キーワード⑩ SDXC

× AACSはBlu-ray Discに使用されるコピープロテクト規格です。SDXC (SD eXtended Capacity) は著作権保護技術としてCPXMを使用しており、またファイルシステムには最大2Tバイトの容量に対応できるexFATが採用されています。

キーワード⑪ NAND型フラッシュメモリ

× NAND型フラッシュメモリは、バイト単位ではなくページ単位で書き込み及び読出しを行います。フラッシュメモリは電源を切っても記憶内容を保持できる不揮発性メモリであり、NAND型は安価に大容量化が可能なため、USBメモリやSSDなどに使われています。

キーワード⑫ メモリインタリーブ

× これは仮想記憶のことです。メモリインタリーブは主記憶を複数のバンクに分けて、CPUからのアクセス要求を並列的に処理できるようにします。

問題 13 □□□

キャッシュメモリのライトスルー方式では、CPUが書き込み動作をする時、キャッシュメモリだけにデータを書き込む。

問題 14 □□□

PCとディスプレイの接続に用いられるインタフェースの一つであるDisplayPortは、映像と音声をパケット化してパラレル伝送できる。

問題 15 □□□

ZigBeeは、低消費電力で低速の通信を行い、センサネットワークなどに使われる。

問題 16 □□□

USB 2.0は半二重通信であるが、USB 3.0は全二重通信である。

問題 17 □□□

複数のサーバで分散処理を行っているシステムでは、参照系のトランザクションが多いため、システムの性能を向上させるための方法としてはスケールアップが適している。

★ **問題 18** □□□

故障が発生したときに対処するのではなく、品質管理などを通じてシステム構成要素の信頼性を高めることを、フォールトアボイダンスという。

キーワード⑬ キャッシュメモリ

× これは、ライトバック(Write Back)方式のことです。ライトスルー(Write Through)方式では、キャッシュメモリと主記憶の両方に同時にデータを書き込みます。

キーワード⑭ DisplayPort

× DisplayPortは、映像と音声をパケット化しますが、パラレルではなくシリアル伝送します。また、著作権保護技術であるHDCPに対応しています。

キーワード⑮ ZigBee

○ ZigBeeは近距離無線通信の規格であり、同様の機能を持つBluetoothよりも低速ですが、乾電池だけで数年も稼働できるほど低消費電力です。

キーワード⑯ USB 3.0

○ USB 3.0では、送信と受信に別々のデータ線を使用する全二重通信が採用されています。そのほか、最大供給電流が増え、ピン数が9本に増えましたが、USB 2.0との下位互換性は確保されています。

キーワード⑰ スケールアウト

× この場合は、分散処理を行っているので、サーバの台数を増やすことで性能を向上させるスケールアウトが適しています。スケールアップでは、1台のサーバに負荷がかかっているときにサーバそのものの性能を向上させます。

キーワード⑱ フォールトアボイダンス

○ フォールト(Fault)は障害、アボイダンス(Avoidance)は回避という意味で、故障や障害の発生自体をできる限り回避するという考え方です。

★ **問題 19** □□□

故障が発生したときに、あらかじめ指定されている安全な状態にシステムを保つことを、フェールソフトという。

問題 20 □□□

SANは、一つのハードディスクを、OSをインストールする領域とデータを保存する領域とに分割する。

問題 21 □□□

ストレージ技術におけるシンプロビジョニングは、同じデータを複数台のハードディスクに書き込み、冗長化する。

★ **問題 22** □□□

仮想サーバの運用サービスで使用するライブマイグレーションは、仮想サーバで稼働しているOSやソフトウェアを停止することなく、他の物理サーバに移し替える技術である。

問題 23 □□□

PCをシンクライアント端末として利用する際、クライアント端末の機器を交換する場合、アプリケーションやデータのインストール作業を軽減することができる。

★ **問題 24** □□□

1台のコンピュータで複数の仮想マシン環境を実現するための制御機能を、デスクトップグリッドという。

キーワード⑲ フェールソフト

× フェールソフトは、故障が発生したときに、あらかじめ指定されている縮小した範囲のサービスを提供することです。問題文では、フェールセーフが正解です。

キーワード⑳ SAN

× これは、パーティション分割のことです。SAN (Storage Area Network) は、ファイバチャネルなどを用いてストレージをネットワーク化します。

キーワード㉑ シンプロビジョニング

× これは、ミラーリングのことです。シンプロビジョニング (Thin Provisioning) は、利用者の要求に対して仮想ボリュームを提供し、物理ディスクは実際の使用量に応じて割り当てることです。

キーワード㉒ ライブマイグレーション

○ ライブマイグレーション (Live Migration) は、直訳すると「生きたままの移動 (移設)」になります。

キーワード㉓ シンクライアント

○ シンクライアント (Thin Client) では、クライアント側にアプリケーションやデータを持たず、ほぼすべての処理をサーバ側で行います。そのため、盗難にあっても情報漏えいのリスクが小さいです。

キーワード㉔ ハイパバイザ

× 正しくは、ハイパバイザといいます。デスクトップグリッドは、グリッドコンピューティングと同じことで、多数のPCをネットで接続し、大規模な計算を行います。

★ **問題 25**

Webシステムにおける CDNは、動画再生や音楽再生に必要なプログラム部品をインターネット経由で入手し、Webブラウザに組み込む。

問題 26

MTBFとMTTRは、稼働率が1.0のときに等しくなる。

問題 27

3台の装置X～Zを接続したシステムA、Bの稼働率は、常にAの稼働率が高い。

A

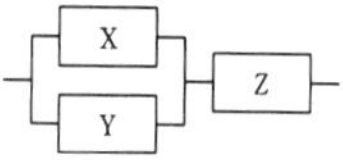

B

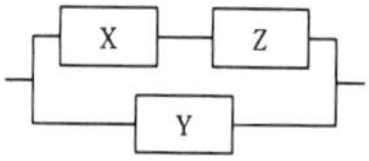

問題 28

オンライントランザクション処理システムにおいて、1分当たりの平均トランザクション数が1,200件であり、1件のトランザクション処理で100万命令を実行する場合、CPU性能が100MIPSのコンピュータを使用したときのCPUの平均利用率は20%である。

キーワード25 CDN

×

これは、プラグインまたはアドインのことです。CDN (Contents Delivery Network) は、動画や音声などの大容量のデータを利用する際に、インターネット回線の負荷を軽減するようにサーバを分散配置します。

キーワード26 稼働率

×

稼働率＝MTBF÷(MTBF＋MTTR)ですから、稼働率が1.0のときにはMTTRだけが0です。両者が等しくなるのは、稼働率が0.5のときです。

キーワード27 稼働率

×

Aでは、Zが故障したら稼働率はゼロになります。一方、Bでは1台だけの故障なら稼働率がゼロになることはありませんので、問題文は誤りです。それぞれの稼働率をX、Y、Zとして式を作り、比較すると、常にBの稼働率が高いことが分かります。

キーワード28 CPU利用率

○

1分当たりの平均トランザクション数が1,200件ですから、1秒当たりでは1,200÷60＝20件です。1件のトランザクション処理で100万命令＝1MIを実行しますので、毎秒20×1＝20MI必要です。すると、CPU性能が100MIPSですから、20÷100＝0.2＝20%です。

問題 29 □□□

ともにMTBFが450時間、MTTRが50時間である二つの装置から構成される並列システムの稼働率は0.99である。

問題 30 □□□

予防保守は、MTBFを長くするよりも、MTTRを短くするのに役立つ。

問題 31 □□□

あるシステムにおいて、MTBFとMTTRがともに1.5倍になったとき、アベイラビリティ（稼働率）も1.5倍になる。

問題 32 □□□

キャパシティプランニングの目的の一つは、応答時間に最も影響があるボトルネックだけに着目して、適切な変更を行うことによって、そのボトルネックの影響を低減または排除することである。

問題 33 □□□

コンピュータシステムの性能評価法の一つであるモニタリングは、典型的なプログラムを実行し、入出力や制御プログラムを含めたシステムの総合的な処理性能を測定する。

キーワード㉙ 稼働率

○ 装置の稼働率はどちらもMTBF÷(MTBF＋MTTR)＝450÷(450＋50)＝450÷500＝0.9です。並列システムなので、稼働率は、$1-(1-0.9)^2=1-0.1^2=1-0.01=0.99$です。

キーワード㉚ 稼働率

× 予防保守とは、ソフトウェアの潜在的な障害が顕在化する前に修正を行うことであり、MTBFを長くします。MTTRを短くするのに役立つものとしては、エラーログ取得機能があります。エラーの原因究明をスピードアップするからです。

キーワード㉛ 稼働率

× 稼働率＝MTBF÷(MTBF＋MTTR)ですから、MTBFとMTTRがともに1.5倍になったとき、
1.5×MTBF÷(1.5×MTBF＋1.5×MTTR)
　＝1.5×MTBF÷1.5×(MTBF＋MTTR)
　＝MTBF÷(MTBF＋MTTR)
となり、稼働率は変わりません。

キーワード㉜ キャパシティプランニング

× これは、TOC(Theory Of Constraints)のことです。キャパシティプランニングの目的の一つに、システムの現在の応答時間を調査し、長期的に監視することによって、将来を含めて応答時間を維持することがあります。

キーワード㉝ モニタリング

× モニタリングは、各プログラムの実行状態や資源の利用状況を測定し、システムの構成や応答性能を改善するためのデータを得ます。問題文は、ベンチマークテストの説明です。

挑戦問題

問題 1 □□□

バス幅が16ビット、メモリサイクルタイムが80ナノ秒で連続して動作できるメモリがある。このメモリのデータ転送速度は25Mバイト/秒である。

問題 2 □□□

1件のデータを処理する際に、読取りには40ミリ秒、CPU処理には30ミリ秒、書き込みには50ミリ秒掛かるプログラムがある。このプログラムで、n件目の書き込みと並行して$n+1$件目のCPU処理と$n+2$件目の読取りを実行するとき、1分当たりの最大データ処理件数は1,200件である。

問題 3 □□□

キャッシュサーバを利用した検索処理の平均応答時間は、サーバでヒットした場合には0.2秒、ヒットしない場合には2.2秒である。現在の平均検索応答時間は1.0秒である。3年後のキャッシュサーバのヒット率が現状の半分になるとすると、平均検索応答時間は1.6秒となる。

問題 4 □□□

あるC/Sシステムにおいて、クライアントから要求された1件の検索を処理するために、サーバで平均100万命令が実行される。1件の検索につき、ネットワーク内で転送されるデータは平均2×10^5バイトである。このサーバの性能は100MIPSで、転送速度は8×10^7ビット/秒である。このとき、1秒間に処理できる検索要求は100件である。

キーワード① データ転送速度

○ メモリサイクルタイムが80ナノ秒なので、毎秒のデータ転送回数は、1÷(80×10^{-9})＝12.5×10^6回です。そして、バス幅が16ビット＝2バイトなので、毎秒のデータ転送速度は2バイト×12.5×10^6回＝2.5×10^6バイト＝25Mバイトです。

キーワード② 処理件数

○ n件目の書き込みが50ミリ秒と最も長く、他は先に終わって待っているだけですから、1分あたりに50ミリ秒の処理が何回繰り返せるかを計算します。1分÷50ミリ秒＝60÷(50÷1000)＝60,000÷50＝1,200です。

キーワード③ 平均検索応答時間

○ ヒット率をαとすると、0.2×α＋2.2×(1－α)＝1.0より、－2α＝－1.2となり、α＝0.6です。3年後は、これが半分になりますから、0.6÷2＝0.3です。すると、0.2×0.3＋2.2×(1－0.3)＝0.06＋2.2×0.7＝0.06＋1.54＝1.6となります。

キーワード④ 処理件数

× 正しくは、50件です。1件につきサーバで平均100万命令(1MI)が実行されるのに対して、サーバの性能は100MIPSですから、サーバでは毎秒100件処理できます。

ただし、ネットワークの転送速度は8×10^7ビット/秒＝1×10^7バイト/秒に対して、データは平均2×10^5バイトですから、転送できる件数は、1×10^7バイト/秒÷2×10^5バイト＝50件/秒です。

POINT 2 ソフトウェアとハードウェア

問題 1 □□□

セマフォを用いる目的は、共有資源を管理することである。

問題 2 □□□

ページング方式の仮想記憶において、ページ置換えの発生頻度が高くなり、システムの処理能力が急激に低下することをページフォールトと呼ぶ。

問題 3 □□□

ページング方式の仮想記憶において、プログラム実行時のページフォールトを契機に、ページをロードするのに必要な主記憶が割り当てられる。

問題 4 □□□

CPUスケジューリングにおけるラウンドロビンスケジューリング方式は、タイムシェアリングシステムのスケジューリングに適さない。

問題 5 □□□

ページング方式の仮想記憶において、主記憶に存在しないページにアクセスした場合の処理や状態の順番は、ページフォールト → 置換え対象ページの決定 → ページイン → ページアウトである。

★ **問題 6** □□□

二つのタスクが共用する二つの資源を、排他的に使用するときに発生するおそれのあるデッドロックを防ぐためには、資源獲得の順序を両方のタスクで同じにする。

キーワード① セマフォ

○ セマフォ(Semaphore)は「手旗信号」という意味で、共有資源へアクセスできる数を示す値です。

キーワード② スラッシング

× ページフォールトは、プログラムが物理メモリ上に存在しないページにアクセスしようとしたときに発生する割り込みです。問題文はスラッシングの説明です。

キーワード③ ページフォールト

○ ページフォールトにより、必要なページがロードされます。

キーワード④ ラウンドロビン

× ラウンドロビンは、優先度がなく、一定時間ごとにCPUが割り当てられるため、タイムシェアリングシステムのスケジューリングに適しています。

キーワード⑤ 仮想記憶

× ページング方式とは、仮想記憶空間と実記憶空間を、固定長の「ページ」に区切り対応づけて管理する方式です。正しい順番は、ページフォールト → 置換え対象ページの決定 → ページアウト → ページインになります。

キーワード⑥ デッドロック

○ デッドロックは、資源獲得の順序が異なるときに発生しますので、同じにすれば発生しません。

問題 7 □□□

プログラムが使用しなくなったヒープ領域を回収して再度使用可能にすることを、ガーベジコレクションという。

問題 8 □□□

プログラムの実行中に主記憶内でモジュールの格納位置を移動させることを、動的リンキングという。

問題 9 □□□

LRUアルゴリズムは、使用後の経過時間が最長のページを置換対象とするページ置換アルゴリズムである。

★ 問題 10 □□□

サブルーチンからの戻り番地の退避にはヒープ領域が使用され、割当てと解放の順序に関連がないデータの格納にはスタック領域が使用される。

問題 11 □□□

到着順は、ノンプリエンプティブだけのスケジューリング方式である。

問題 12 □□□

プリエンプション方式のタスクスケジューリングにおいて、タスクの優先度がタスクA＞タスクB＝タスクC＞タスクDの関係とするとき、タスクCが実行可能状態になることは、タスクBの実行中にプリエンプションが発生する契機となる。

キーワード⑦ ガーベジコレクション

○ ガーベジコレクションは不要なメモリ領域を自動的に解放することで、メモリリークなどの問題を防ぎます。

キーワード⑧ 動的再配置

× 動的リンキングは、プログラムの実行中に必要になった時点でモジュールをロードすることです。問題文は動的再配置の説明です。

キーワード⑨ LRU

○ LRUはLeast Recently Usedの略で、参照されていない時間が最も長いものを置換します。

キーワード⑩ スタック領域とヒープ領域

× スタック領域はサブルーチンの戻り番地の退避などに使用され、ヒープ領域は必要に応じて動的に割当てや開放が行えるメモリ領域です。ですので、正解は逆になります。

キーワード⑪ ノンプリエンプティブ

○ ノンプリエンプティブ（Non-pre-emptive）の場合、タスクを順番に実行し、途中で切り替えたりはしません。プリエンプティブとは「先手を取る」という意味ですが、ノンですから、先手を取らずにプログラムに任せるわけです。

キーワード⑫ プリエンプション

× タスクCはタスクBと優先度が等しいので、プリエンプションは発生しません。タスクAの優先度はタスクBよりも高いので、タスクAが実行可能状態になれば、プリエンプションが発生し、タスクBは実行可能状態になってタスクAが実行されます。

問題 13 □□□

プログラムの性能を改善するにあたって、関数、文などの実行回数や実行時間を計測して統計を取るために用いるツールをパーサという。

★ **問題 14** □□□

Hadoopは、機能の豊富さが特徴のRDBMS（Relational DataBase Management System＝関係データベース管理システム）である。

★ **問題 15** □□□

サーバアプリケーションの開発のための、オブジェクト指向技術に基づいたコンポーネントソフトウェアの仕様をERPという。

問題 16 □□□

テストカバレージ分析ツールは、ホワイトボックステストにおいてプログラムの実行された部分の割合を測定するために使う。

問題 17 □□□

スイッチを押す力を電力に変換して作動するRFリモコンは、エネルギーハーベスティングの適用例である。

問題 18 □□□

DRAMのメモリセルにおいて、情報を記憶するために利用されているのは、フリップフロップである。

問題 19 □□□

アクチュエータは、物理量を検出して、電気信号に変える。

キーワード⑬ プロファイラ

× パーサ (Parser) は、プログラムのソースコードやXML文書などを構文解析し、処理します。問題文はプロファイラの説明です。

キーワード⑭ Hadoop

× Hadoopは、大規模なデータを分散処理するためのオープンソースなソフトウェアライブラリです。

キーワード⑮ EJB

× 正しくは、EJB (Enterprise JavaBeans) です。ERP (Enterprise Resource Planning) は企業資源計画です。

キーワード⑯ テストカバレージ分析ツール

○ すべてのプログラムの経路のうち、テストによって実行された部分の割合をカバレージ (網羅率) といいます。

キーワード⑰ エネルギーハーベスティング

○ エネルギーハーベスティングは「環境発電技術」とも呼ばれ、周囲の環境にある微小なエネルギーを収穫 (Harvest) し、電力に変換します。

キーワード⑱ RAM

× DRAM (Dynamic Random Access Memory) で利用されるのはコンデンサです。フリップフロップはSRAMで利用されています。

キーワード⑲ アクチュエータ

× これは、センサのことです。アクチュエータは、コンピュータが出力した電気信号を力学的な運動に変えます。

★ 問題 20 □□□

SoCは、複数のチップで構成していたコンピュータシステムを一つのチップで実現したLSIである。

問題 21 □□□

携帯電話とヘッドフォンとの間の音声データ通信は、RFIDの活用事例である。

問題 22 □□□

SRAMと比較した場合のDRAMは、メモリセル構成が単純なので、ビット当たりの単価が安くなる。

問題 23 □□□

不揮発性のメモリにはNAND型またはNOR型があり、SSDに用いられるのは、フラッシュメモリである。

問題 24 □□□

パワーゲーティングは、動作する必要がない回路ブロックへの電源供給を遮断することによって、消費電力を減らす。

問題 25 □□□

RFIDのパッシブ方式RFタグは、アンテナから電力が供給される。

キーワード20 SoC

○ SoCはSystem on a Chip の略で、必要とされるすべての機能（システム）をひとつの半導体チップに集積したものです。

キーワード21 RFID

× これは、Bluetoothの活用事例です。RFID（Radio Frequency Identification）の活用事例としては、微小な無線チップによる人または物の識別及び管理などがあります。

キーワード22 DRAM

○ 代わりに、DRAM（Dynamic Random Access Memory）ではデータを保持するためにリフレッシュまたはアクセス動作が必要です。主にPCのメインメモリなどに用いられます。

キーワード23 フラッシュメモリ

○ フラッシュメモリは不揮発性で、USBメモリにも使われています。もともとはROM（Read Only Memory）の一種ですが、ブロック単位で電気的に内容の消去ができます。

キーワード24 パワーゲーティング

○ パワーゲーティング（Power Gating）は、LSIの省電力制御技術です。動作する必要がない回路ブロックへの電源供給を遮断することで、リーク電流を減らします。

キーワード25 RFID

× RFIDのパッシブ方式RFタグは、リーダからの電波を電力源としており、通信距離は短いですが半永久的に動作します。

挑戦問題

問題 1 □□□

チップ内部を物理的に解析しようとすると内部回路が破壊されるように設定することは、マイクロプロセッサの耐タンパ性を向上させる。

問題 2 □□□

組込みシステムにおけるウォッチドッグタイマの機能は、あらかじめ設定された一定時間内にタイマがクリアされなかった場合、システム異常とみなしてシステムをリセットまたは終了することである。

問題 3 □□□

分解能が8ビットのD/A変換器に、ディジタル値0を入力したときの出力電圧が0Vとなり、ディジタル値128を入力したときの出力電圧が2.5Vとなる場合、最下位の1ビットの変化による当該D/A変換器の出力電圧の変化は1/128Vである。

問題 4 □□□

16ビットのダウンカウンタを用い、カウンタの値が0になると割り込みを発生するハードウェアタイマがある。カウンタに初期値として10進数の150をセットしてタイマをスタートすると、最初の割り込みが発生するまでの時間は300マイクロ秒である。ここで、タイマの入力クロックは16MHzを32分周したものとする。

キーワード① 耐タンパ性

○ 内部回路が破壊されるようにすれば、改ざんや解析がしづらくなり、耐タンパ性が向上します。タンパとは「改ざんする」ことで、耐タンパ性は改ざんに耐える性質を意味します。

キーワード② ウォッチドッグタイマ

○ ウォッチドッグ（Watchdog）は、「番犬」あるいは「監視人」という意味です。定期的に発行するタイマによって、システムが正常に稼働しているかを監視します。

キーワード③ 分解能

× 最下位の1ビットは、1を表しますが、128を入力したとき2.5Vですから、2.5/128Vになります。

キーワード④ ハードウェアタイマ

○ タイマの入力クロックは16MHzを32分周したものなので、16MHz÷32＝0.5MHzです。すると、周期は1秒÷0.5MHz＝2マイクロ秒となりますので、10進数の150をセットしてタイマをスタートすると、150×2＝300マイクロ秒かかります。

問題 5 □□□

次の条件を満足する論理回路はORである。
〔条件〕
階段の上下にあるスイッチAまたはBで、一つの照明を点灯・消灯する。すなわち、一方のスイッチの状態にかかわらず、他方のスイッチで照明を点灯・消灯できる。

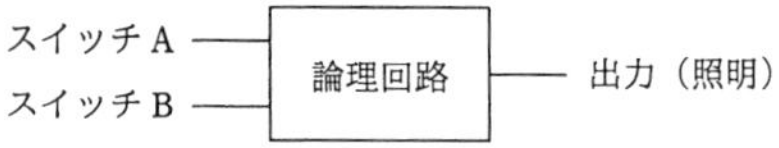

問題 6 □□□

JavaBeansを利用してソフトウェア開発を行うメリットは、コンポーネントが容易に再利用できることである。

問題 7 □□□

CPUのパイプライン処理を有効に機能させるプログラミング方法は、分岐命令を少なくすることである。ここで，CPUは命令の読込みとデータのアクセスを分離したアーキテクチャとする。

キーワード⑤ 論理回路

× 正しくは、XOR（排他的論理和）です。ORだと、両方がONでも点灯してしまいます。

キーワード⑥ JavaBeans

○ コンポーネントは、部品のことで、プログラムの再利用を目的としています。

キーワード⑦ パイプライン処理

○ パイプライン処理では、命令を先読みしますので、分岐命令があると次に実行する命令が分からなくなり、有効に機能しません。

第2章 難関突破

問題 1

容量がaMバイトでアクセス時間がxナノ秒の命令キャッシュと、容量がbMバイトでアクセス時間がyナノ秒の主記憶をもつシステムにおいて、CPUからみた、主記憶と命令キャッシュとを合わせた平均アクセス時間を表す式はどれか。ここで、読み込みたい命令コードがキャッシュに存在しない確率をrとし、キャッシュ管理に関するオーバヘッドは無視できるものとする。

ア $\dfrac{(1-r)\cdot a}{a+b}\cdot x+\dfrac{r\cdot a}{a+b}\cdot y$

イ $(1-r)\cdot x+r\cdot y$

ウ $\dfrac{r\cdot a}{a+b}\cdot x+\dfrac{(1-r)\cdot b}{a+b}\cdot y$

イ $r\cdot x+(1-r)\cdot y$

（令和元年秋期午前問10）

問題 2

稼働率が等しい装置を直列や並列に組み合わせたとき、システム全体の稼働率を高い順に並べたものはどれか。ここで、各装置の稼働率は0よりも大きく1未満である。

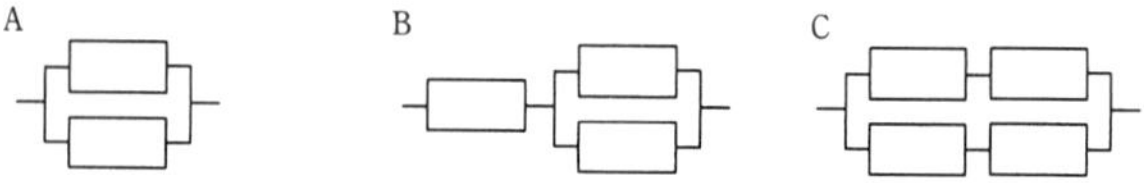

ア A，B，C　　イ A，C，B

ウ C，A，B　　エ C，B，A

（平成31年春期午前問13）

解答1　イ

読み込みたい命令コードがキャッシュに存在する確率をhとすると、

平均アクセス時間$=h \times x+(1-h) \times y$

です。

それが今は存在しない確率で与えられていますから、$h=(1-r)$、$(1-h)=r$です。すると、

平均アクセス時間$=(1-r) \cdot x+r \cdot y$

です。

解答2　イ

仮に各装置の稼働率を0.9として計算してみます。

$$
\begin{aligned}
A &= 1-(1-0.9)\times(1-0.9)=1-0.01=0.99 \\
B &= 0.9\times A=0.9\times 0.99=0.891 \\
C &= 1-(1-0.9\times 0.9)\times(1-0.9\times 0.9) \\
&= 1-(1-0.81)^2 = 1-0.0361=0.9639
\end{aligned}
$$

以上より、A＞C＞Bの順になります。

しかし、実際に計算してみなくても、直列があるBは最も稼働率が低いことがわかります。あとは、AとCの比較ですが、Cは並列の内部に直列を含んでいますので、Aより稼働率が低いことがわかります。

問題 3

三つの媒体A～Cに次の条件でファイル領域を割り当てた場合、割り当てた領域の総量が大きい順に媒体を並べたものはどれか。

〔条件〕

(1) ファイル領域を割り当てる際の媒体選択アルゴリズムとして、空き領域が最大の媒体を選択する方式を採用する。

(2) 割当て要求されるファイル領域の大きさは、順に90、30、40、40、70、30（Mバイト）であり、割り当てられたファイル領域は、途中で解放されない。

(3) 各媒体は容量が同一であり、割当て要求に対して十分な大きさをもち、初めは全て空きの状態である。

(4) 空き領域の大きさが等しい場合には、A、B、Cの順に選択する。

ア A、B、C　　イ A、C、B

ウ B、A、C　　エ C、B、A

（令和元年秋期午前問19）

解答③ エ

空き領域の大きさが等しい場合には、A、B、Cの順に選択するので、最初の90、30、40(Mバイト)はA、B、Cに割り当てられます。

A=90、B=30、C=40。

この後は、「空き領域が最大の媒体を選択」しますが、「各媒体は容量が同一」ですから、現在の割り当て量が少ないものから割り当てます。すると、4番目の40はBに割り当てられます。

A=90、B=30+40=70、C=40

5番目の70はCに割り当てられます。

A=90、B=70、C=40+70=110

6番目の30はBに割り当てられます。

A=90、B=70+30=100、C=110

これで、割り当てた領域の総量が大きい順に媒体を並べると、C>B>Aです。

問題 4

五つのジョブA～Eに対して、ジョブの多重度が1で、処理時間順方式のスケジューリングを適用した場合、ジョブBのターンアラウンドタイムは何秒か。ここで、OSのオーバヘッドは考慮しないものとする。

単位 秒

ジョブ	到着時刻	単独実行時の処理時間
A	0	2
B	1	4
C	2	3
D	3	2
E	4	1

ア 8　**イ** 9　**ウ** 10　**エ** 11

（平成31年春期午前問16）

解答❹ エ

処理時間順方式のスケジューリングで、ジョブBは処理時間が4秒と最長ですから、最後に実行されます。すると、ジョブBが終了するまで1＋2＋2＋3＋4＝12秒かかります。

ただし、ターンアラウンドタイムとは「システムに処理を要求してから終了するまでの時間」であるのに対し、ジョブBの到着時刻は1秒ですから、ターンアラウンドタイムは12－1＝11秒です。

これだけは覚えておきたい重要単語

- □ VLIWは、超長命令語
- □ メモリインタリーブは、主記憶を複数に分割して並列アクセス
- □ 稼働率＝MTBF/(MTBF＋MTTR)。直列はかけ算、並列は1－(1－稼働率)×(1－稼働率)・・・
- □ フェールセーフは、故障が発生したとき、その影響が小さくなるようにする
- □ フォールトアボイダンスは、信頼性の高いものだけでシステムを構成
- □ フェールソフトは、故障箇所を切り離し
- □ ライブマイグレーションは、生きたままの移動（移設）
- □ ハイパバイザは、1台のコンピュータで複数の仮想マシン環境を実現するための制御機能
- □ CDNは、インターネット回線の負荷を軽減するようにサーバを分散配置
- □ Hadoopは、大規模なデータを分散処理するためのソフトウェアライブラリ
- □ EJBは、サーバアプリケーションの開発のための、オブジェクト指向技術に基づいたコンポーネントソフトウェアの仕様
- □ SoCは、必要とされるすべての機能（システム）を集積した1個の半導体チップ

第3章

テクノロジ系 マルチメディア・データベース

最初に、インタフェース、マルチメディア、データベースについての問題があります。トランザクションシステムのACID特性は頻出項目です。4つとも必ず理解しておくようにしましょう。
マルチメディアでは、モデリングの用語も重要です。
データベースでは、第1正規形、第2正規形、第3正規形の違いをしっかり押さえましょう。また、SQL文の使い方も覚えておきましょう。

POINT 1 マルチメディアとデータベース

★は付いていない
問題 1 □□□

ニモニックコードとは、コードの値からデータの対象物が連想できないコードのことである。

★ **問題 2** □□□

利用者が現在閲覧しているWebページに表示する、Webサイトのトップページからそのページまでの経路情報をパンくずリストと呼ぶ。

問題 3 □□□

コンピュータグラフィックスにおけるレンダリングは、異なる色のピクセルを混ぜて配置することによって、中間色を表現することである。

問題 4 □□□

動画や音声などのマルチメディアコンテンツのレイアウトや再生のタイミングをXMLフォーマットで記述するためのW3C勧告を、SMILという。

★ **問題 5** □□□

Webページの設計では、アクセシビリティを高める観点から、入力が必須な項目は色で強調するだけでなく、項目名の隣に"(必須)"などと明記すると良い。

★ **問題 6** □□□

3次元の物体を表すコンピュータグラフィックスの手法に関する記述のうち、サーフェスモデルでは、物体を頂点と頂点をつなぐ線で結び、針金で構成されているように表現する。

キーワード① ニモニックコード

× ニモニックコード(Mnemonic Code)は、日本語では表意コードといい、コードとしてデータの対象物が連想できるような値を割り当てます。

キーワード② パンくずリスト

○ パンくずリストの語源は、「ヘンゼルとグレーテル」で主人公のヘンゼルが道に迷わないようにパンくずを少しずつこぼしておいたことに由来します。

キーワード③ レンダリング

× これはディザリングの説明です。レンダリングは、物体のデータから、表面の陰影や光の反射をシミュレーションし、画像や映像として表示する処理のことです。

キーワード④ SMIL

○ SMILは、Synchronized Multimedia Integration Languageの略で、スマイルと読みます。

キーワード⑤ アクセシビリティ

○ アクセシビリティとは、高齢者や障がい者などを含め、すべての人が利用可能な設計のことです。色だけでなく"(必須)"などと明記することによって、色覚障がいの人でも重要な項目がわかりやすくなります。

キーワード⑥ サーフェスモデル

× これはワイヤーフレームモデルのことです。サーフェスモデルでは、物体をポリゴンや曲面パッチを用いて表現します。

★ **問題 7** □□□

バーチャルリアリティにおけるモデリングでは、レンダリングは、仮想世界の情報をディスプレイに描画可能な形式の画像に変換する処理のことである。

問題 8 □□□

メタボールは、光の相互反射を利用して物体表面の光のエネルギーを算出することによって表面の明るさを決定する。

問題 9 □□□

データベースの概念設計に用いられ、対象世界を、実体と実体間の関連という二つの概念で表現するデータモデルをE-Rモデルという。

問題 10 □□□

RDBMSのトランザクションXがA表内の特定行aに対して共有ロックを獲得しているときは、トランザクションYはA表に対して専有ロックを獲得できない。

問題 11 □□□

H.264/MPEG-4 AVCは、インターネットで動画や音声データのストリーミング配信を制御するための通信方式である。

問題 12 □□□

SVGは、W3Cで仕様が定義され、矩《く》形や円、直線、文字列などの図形オブジェクトをXML形式で記述した画像フォーマットである。

キーワード⑦ レンダリング

○ レンダリング (Rendering) のRenderは、画像化することです。

キーワード⑧ メタボール

× メタボールは、物体を球や楕《だ》円体の集合として疑似的にモデル化することです。問題文はラジオシティの説明です。

キーワード⑨ E-Rモデル

○ E-RモデルのE-RはEntity-Relationalshipの略であり、実体はEntity、関連はRelationalshipに対応します。

キーワード⑩ ロック

○ 専有ロックはトランザクションへの一切のアクセスを禁止しますが、共有ロックは参照のみ許容します。この場合、YはA表に対して共有ロックなら獲得することができます。

キーワード⑪ H.264/MPEG-4 AVC

× H.264/MPEG-4 AVCは、ワンセグやインターネットで用いられる動画データの圧縮符号化方式です。ストリーミングを制御するプロトコルはRTSP (Real Time Streaming Protocol) です。

キーワード⑫ SVG

○ SVGはScalable Vector Graphicsの略で、ベクター形式の画像フォーマットです。テキスト形式で図形を記述するため、CSSやJavaScriptなどから操作が可能であり、Webページでの図形描画にも活用されます。

★ 問題 13 □□□

関係データベースにおける導出表は、複数の実表に対する射影、結合などによって得られる。

★ 問題 14 □□□

データレイクは、ビッグデータのデータ貯蔵場所である。

問題 15 □□□

データベースの3層スキーマ構造において、概念スキーマは、データの利用者からの見方を表現する。

問題 16 □□□

データベースの3層スキーマ構造において、データベースを記録媒体にどのように格納するかを記述したものが内部スキーマである。

★ 問題 17 □□□

レイトレーシングは、周辺の画素との平均化演算などを施すことによって、斜め線や曲線のギザギザを目立たなくする。

問題 18 □□□

データベースに媒体障害が発生したときは、異常終了したトランザクションをロールバックする。

キーワード⑬ 関係データベース

×
たしかに、実表に対する射影、結合などによって導出表が得られますが、実表は複数である必要はなく、1つ以上あれば十分です。

キーワード⑭ データレイク

○
データレイクの特徴として、あらゆるデータをそのままの形式や構造で格納しておく点があります。

キーワード⑮ 概念スキーマ

×
データの利用者からの見方を表現するのは、外部スキーマです。概念スキーマは、データの論理的な構造を定義するもので、関連データベースの表に相当します。

キーワード⑯ 内部スキーマ

○
内部スキーマは、データの格納方法や配置のような、データの物理的構造について定義します。

キーワード⑰ レイトレーシング

×
これは、アンチエイリアシングのことです。レイトレーシング (Ray Tracing) は、光源からの光線の経路を計算することによって、光の反射や透過などを表現するレンダリング手法です。

キーワード⑱ ロールフォワード

×
ロールバックはトランザクション障害時の回復処理なので、間違いです。この場合は、バックアップ時点の状態に復元したあと、ログファイルの更新後ログからデータベースへのコミットを再現するロールフォワード処理を行います。

★問題 19 □□□

トランザクションのACID特性における一貫性(Consistency)は、同時実行される複数のトランザクションは互いに干渉しないという性質である。

問題 20 □□□

スキーマの定義情報は、関係データベース管理システム(RDBMS)のデータディクショナリに格納される。

問題 21 □□□

第2正規形の特徴は、どの非キー属性も、主キーに推移的に関数従属しないことである。

問題 22 □□□

第1正規形の特徴は、繰り返し属性が存在しないことである。

問題 23 □□□

第3正規形では、画面や帳票の行をそのままデータベースの行に対応させるので、データ量が増える。

問題 24 □□□

トランザクションのACID特性の永続性(Durability)とは、トランザクション処理は、完全に処理が完了するか、まったく処理されない状態のどちらか一方で終了しなければならないという性質である。

キーワード⑲ ACID特性

× 一貫性は、トランザクションによりデータの矛盾が生じないことであり、常にデータベースの整合性が保たれていることを保証します。問題文は独立性(Isolation)の説明です。

キーワード⑳ データディクショナリ

○ RDBMSのデータディクショナリには、データ構造などDBのさまざまな定義情報が格納されますが、表の実データやインデックスは格納されていません。

キーワード㉑ 第2正規形

× これは、第3正規形の特徴です。第2正規形の特徴は、どの非キー属性も、主キーの真部分集合に対して関数従属しないことです。

キーワード㉒ 第1正規形

○ 第1正規形では、すべての属性(列)は唯一無二です。しかし、データの重複は残ったままです。

キーワード㉓ 第3正規形

× 逆です。第3正規形では、表が分割され冗長性が排除されているため、データ量は減ります。そして、データの整合性を保ちやすくなります。

キーワード㉔ ACID特性

× これは、原子性(Atomicity)のことです。永続性は、ひとたびコミットすれば、その後どのような障害が起こっても状態の変更が保たれるという性質です。

問題 25 □□□

RDBMSにおいて、特定の利用者だけに表を更新する権限を与えるには、REVOKE文で許可する。

問題 26 □□□

さまざまな形式のデータを一つのキーに対応付けて管理するキーバリュー型データベースは、NoSQLに分類される。

★ **問題 27** □□□

ストアドプロシージャの利点に、アプリケーションプログラムからネットワークを介してDBMSにアクセスする際、両者間の通信量を減少させる点がある。

問題 28 □□□

オブジェクト指向データベースは、経営者の意思決定を支援するために、ある主題に基づくデータを現在の情報とともに過去の情報も蓄積したデータベースである。

問題 29 □□□

関係データベースにおいて、関係Rと関係Sに対して、関係Xを求める関係演算は和である。

R

ID	A	B
0001	a	100
0002	b	200
0003	d	300

S

ID	A	B
0001	a	100
0002	a	200

X

ID	A	B
0001	a	100
0002	a	200
0002	b	200
0003	d	300

キーワード㉕ RDBMS

×

正しくは、GRANT文で許可します。REVOKE文は、許可した権限を取り消します。

キーワード㉖ NoSQL

○

NoSQL (Not only SQL) は、RDBMS (関係データベース管理システム) 以外のデータベース管理システムであり、ビッグデータを扱うのに適しています。

キーワード㉗ ストアドプロシージャ

○

ストアドプロシージャ (Stored Procedure) は、直訳すれば「保存された手続き」で、データベースに対する一連の処理をひとつの手続きにしてRDBMSに保存したものです。

キーワード㉘ オブジェクト指向データベース

×

これは、データウェアハウスのことです。オブジェクト指向データベースは、関係データモデルをオブジェクト指向データモデルに拡張し、操作 (メソッド) や型の継承関係の定義を可能としたデータベースです。

キーワード㉙ 関係演算

○

関係Xを見てみると、関係Rと関係Sに存在するすべての行があって、なおかつ重複している行 (ID＝0001) の一方は削除されています。これは、関係Rと関係Sに対する和になっています。

問題 30 □□□

ユーザインタフェースのユーザビリティを評価するとき、利用者の立場から評価する手法として、認知的ウォークスルー法がある。

問題 31 □□□

データマイニングは、個人別データ、部門別データ、サマリデータなど、分析の目的別に切り出され、カスタマイズされたデータを分析する。

問題 32 □□□

アクセシビリティ設計に関する規格であるJIS X 8341-1（高齢者・障害者等配慮設計指針－情報通信における機器、ソフトウェア及びサービス－第1部：共通指針）を適用する目的は、多様な人々に対して、利用の状況を理解しながら、多くの個人のアクセシビリティ水準を改善できるようにすることである。

問題 33 □□□

使用性（ユーザビリティ）の規格（JIS Z 8521:1999）では、使用性を、"ある製品が、指定された利用者によって、指定された利用の状況下で、指定された目的を達成するために用いられる際の、有効さ、効率及び利用者の満足度の度合い"と定義している。この定義中の"利用者の満足度"を評価するのに適した方法としてはインタビュー法がある。

キーワード30 ユーザビリティ

×

ユーザビリティとは一般的な「使いやすさ」を評価した度合いであり、認知的ウォークスルー法は専門家の立場からの評価手法です。利用者の立場からの評価手法にはアンケートなどがあります。

キーワード31 データマイニング

×

これは、データマートのことです。データマイニングは、大量に蓄積されたデータを分析し、単なる検索だけではわからない隠れた規則や相関関係を見つけ出すことです。ニューラルネットワークや統計解析などの手法がよく用いられます。

キーワード32 アクセシビリティ

○

多様な人々には、高齢者・障害者等が含まれるわけです。

キーワード33 ユーザビリティ

○

この他に、アンケートも"利用者の満足度"を評価するのに適した方法です。

★ 問題 34 □□□

表示装置には、色彩や濃淡などの表示能力に限界がある。一つ一つの画素では表現可能な色数が少ない環境でも、いくつかの画素を使って見掛け上表示できる色数を増やし、滑らかで豊かな階調を表現する手法を、カーニングという。

問題 35 □□□

2相コミットプロトコルでは、主サイトが全ての従サイトからコミット準備完了メッセージを受け取った場合に、全ての従サイトに対してコミット要求を発行する。

問題 36 □□□

ディジタルハイビジョン対応のビデオカメラやワンセグの映像圧縮符号化方式として採用されているのは、MPEG-1である。

問題 37 □□□

関係R(A，B，C，D，E，F)において、次の関数従属が成立するとき、Bは単独で候補キーとなる。

〔関数従属〕

A→B，A→F，B→C，C→D，{B，C}→E，{C，F}→A

問題 38 □□□

実際には存在しない衣料品を仮想的に試着したり、過去の建築物を3次元CGで実際の画像上に再現したりするのは、拡張現実の例である。

キーワード34 ディザリング

× 正しくは、ディザリング（Dithering）といいます。カーニング（Kerning）は、文字の間隔を調整することです。これにより、文字と文字の間隔が等しく見えるようにします。

キーワード35 2相コミットプロトコル

○ 2相コミットプロトコルは、分散トランザクション管理において、複数サイトのデータベースを更新する場合に用いられます。

キーワード36 H.264/AVC

× 正しくは、H.264/AVCです。MPEG-1は、アナログテレビの4分の1位の大きさの動画・音声データの圧縮方式で、品質はVHSビデオテープ程度です。

キーワード37 候補キー

× Bは、単独では候補キーとはなりません。{B，F}であれば、全ての属性を一意に決定できるので、主キーの候補になることができます。

キーワード38 拡張現実

○ 拡張現実（AR＝Augmented Reality）では、現実の世界にコンピュータが作り出した画像を重ねます。

挑戦問題

問題 1 □□□

図のような関係データベースの注文表と注文明細表がある。注文表の行を削除すると、対応する"注文明細"表の行が、自動的に削除されるようにしたい。このとき、SQL文のON DELETE句に指定する語句は、RESTRICTである。ここで、図中の実線の下線は主キーを、破線の下線は外部キーを表す。

注文

注文番号	注文日	顧客番号

注文明細

注文番号	明細番号	商品番号	数量

問題 2 □□□

B^{+}木インデックスが定義されている候補キーを利用して、1件のデータを検索するとき、データ総件数Xに対するB^{+}木インデックスを格納するノードへのアクセス回数のオーダを表す式は、$\sqrt{X}$ である。

問題 3 □□□

DBMSに実装すべき原子性（Atomicity）とは、同一データベースに対する同一処理は、何度実行しても結果は同じであることである。

キーワード① 外部キー制約

× 問題文の条件を満たす指定はCASCADEです。参照元の行が削除されると、参照先の行も削除されます。RESTRICTは、「制限する」という意味で、データの更新や削除を禁止するものです。

キーワード② B^+木インデックス

× $\sqrt{X}$ ではなく、正しくは、$\log X$です。

キーワード③ 原子性

× これは、一貫性のことです。原子性とは、トランザクション内の処理が、全てが実行されるか、全てが取り消されるかのいずれかであることです。

問題 1

社員と年の対応関係をUMLのクラス図で記述する。二つのクラス間の関連が次の条件を満たす場合、a、bに入れる多重度の適切な組合せはどれか。ここで、"年"クラスのインスタンスは毎年存在する。

〔条件〕

(1) 全ての社員は入社年を特定できる。

(2) 年によっては社員が入社しないこともある。

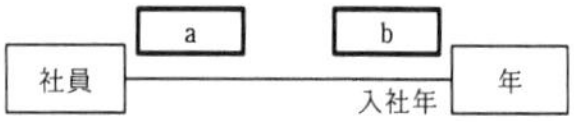

	a	b
ア	0..＊	0..1
イ	0..＊	1
ウ	1..＊	0..1
エ	1..＊	1

（平成30年秋期午前問26）

解答❶
イ

条件(2)により、年によっては社員が入社しないこともあるので、aは0以上になります。すると、選択肢はアかイに絞られます。

次に、条件(1)により、すべての社員は入社年を特定できるので、アのように0か1ということはあり得ません。イのように1になります。

したがって、イが正解です。

問題 2

データベースシステムにおいて、二つのプログラムが同一データへのアクセス要求を行うとき、後続プログラムのアクセス要求に対する並行実行の可否の組合せのうち、適切なものはどれか。ここで、表中の○は二つのプログラムが並行して実行されることを表し、×は先行プログラムの実行終了まで後続プログラムは待たされることを表す。

ア

		先行プログラムのアクセスモード	
		共用	排他
後続プログラムのアクセスモード	共用	○	○
	排他	○	×

イ

		先行プログラムのアクセスモード	
		共用	排他
後続プログラムのアクセスモード	共用	○	×
	排他	○	×

ウ

		先行プログラムのアクセスモード	
		共用	排他
後続プログラムのアクセスモード	共用	○	○
	排他	×	×

エ

		先行プログラムのアクセスモード	
		共用	排他
後続プログラムのアクセスモード	共用	○	×
	排他	×	×

（平成30年秋期午前問30）

解答②
エ

先行プログラムのアクセスモードが「排他」の場合、後続プログラムのアクセスモードが「排他」になることはありませんが、この点はどのも同じです。

次に、先行プログラムのアクセスモードが「共用」の場合、後続プログラムのアクセスモードが「排他」になることはありませんので、アとイは除外されます。

残りはウかエですが、先行プログラムのアクセスモードが「排他」の場合、後続プログラムのアクセスモードは「共用」にもなり得ませんので、ウは除外されます。

すると、エだけが残ります。このように、先行プログラムのアクセスモードが「共用」であれば、後続プログラムのアクセスモードは「共用」のみ可能です。

問題 3

2台の端末と2台のレイヤ3スイッチが図のようにLANで接続されているとき、端末Aがフレームを送信し始めてから、端末Bがそのフレームを受信し終わるまでの時間は、およそ何ミリ秒か。

〔条件〕
フレーム長：1,000バイト
LANの伝送速度：100Mビット/秒
レイヤ3スイッチにおける1フレームの処理時間：0.2ミリ秒
レイヤ3スイッチは、1フレームの受信を完了してから送信を開始する。

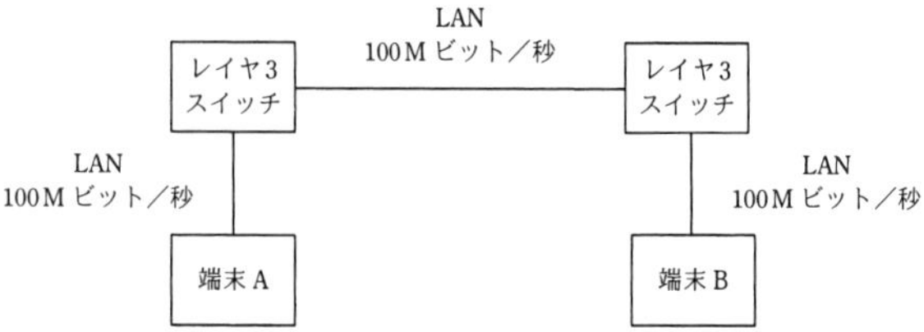

ア 0.24　　イ 0.43　　ウ 0.48　　エ 0.64

（平成30年秋期午前問31）

解答❸ エ

フレーム長は1,000バイトですから、1,000×8=8,000ビットです。これに対して、LANの伝送速度が100Mビット/秒ですから、かかる時間は8,000÷100M=(8÷100)×(1,000÷1,000,000)=0.08ミリ秒です。このLANが3か所にありますから、合計で0.08×3=0.24ミリ秒かかります。

一方、レイヤ3スイッチにおける1フレームの処理時間は0.2ミリ秒で、2か所にありますから、合計で0.2×2=0.4ミリ秒です。

すると、端末Aがフレームを送信し始めてから、端末Bがそのフレームを受信し終わるまでの時間は、0.24+0.4=0.64ミリ秒です。

これだけは覚えておきたい重要単語

- ☐ アクセシビリティは、利用しやすさ
- ☐ ユーザビリティは、有効さ、効率及び利用者の満足度の度合い
- ☐ 3層スキーマは、概念スキーマ、外部スキーマ、内部スキーマ
- ☐ ACID特性は、原子性(Atomicity)、一貫性(Consistency)、独立性(Isolation)、永続性(Durability)
- ☐ データレイクは、ビッグデータのデータ貯蔵場所
- ☐ ストアドプロシージャは、データベースに対する一続きの処理をひとつの手続きにしてRDBMSに保存したもの
- ☐ パンくずリストは、Webサイトのトップページからそのページまでの経路情報
- ☐ ディザリングは、異なる色のピクセルを混ぜて配置することによって、中間色を表現すること
- ☐ レンダリングは、物体の表面に陰影を付けたり、光を反射させたりして、画像を作ること
- ☐ アンチエイリアシングは、周辺の画素との平均化演算などを施すことによって、斜め線や曲線のギザギザを目立たなくする
- ☐ レイトレーシングは、光源からの光線の経路を計算することによって、光の反射や透過などを表現し、物体の形状を描画
- ☐ ワイヤーフレームモデルは、物体を、頂点と頂点をつなぐ線で結び、針金で構成されているように表現する
- ☐ サーフェスモデルでは、物体を、ポリゴンや曲面パッチを用いて表現

第4章

テクノロジ系 ネットワークとセキュリティ

ネットワークは、社内LANから世界中のインターネットまで幅広く利用されています。ネットワークで使用されている多様な通信技術について、しっかり把握しておきましょう。
また、インターネットは便利である反面、さまざまな危険が潜みます。そのため、近年セキュリティに関する問題が増えています。さまざまな攻撃とその対処方法を押さえておきましょう。また、情報セキュリティの3要素も言えるようにしましょう。

POINT 1 ネットワーク

問題 1 □□□
無線LANで用いられるSSIDは、最長32オクテットのネットワーク識別子であり、接続するアクセスポイントの選択に用いられる。

★ **問題 2** □□□
TCP、UDPのポート番号を動的に変換し、LAN上の複数のプライベートIPアドレスが一つのグローバルIPアドレスを共有してインターネットにアクセスする仕組みを、NTPという。

問題 3 □□□
CSMA/CD方式では、衝突の頻度が増してもスループットが下がることはない。

問題 4 □□□
ブリッジは、スイッチングハブ(レイヤ2スイッチ)と同等の機能をもち、同じプロトコル階層で動作する。

問題 5 □□□
メディアアクセス制御方式であるCSMA/CDは、伝送路上にトークンを巡回させ、トークンを受け取った端末だけがデータを送信できる。

問題 6 □□□
ETSIによって提案されたNFVは、インターネット上で地理情報システムと拡張現実の技術を利用することによって、現実空間と仮想空間をスムーズに融合させたさまざまなサービスを提供する。

キーワード① SSID

○ SSIDは、Service Set IDentifierの略です。

キーワード② NAPT

× 正しくは、NAPT (Network Address Port Translation) または IPマスカレードです。NTP (Network Time Protocol) は、時計を同期させるものです。

キーワード③ CSMA/CD

× 衝突発生時の再送動作によって衝突の頻度が増すと、スループットは下がります。

キーワード④ スイッチングハブ

○ スイッチングハブはCSMA/CD方式のLANで使用される装置で、フレームの蓄積機能、速度変換機能や交換機能をもっています。

キーワード⑤ CSMA/CD

× CSMA/CDでは、それぞれのステーションがキャリア検知を行うとともに、送信データの衝突が起きた場合は再送します。問題文はトークンパッシング方式の説明です。

キーワード⑥ NFV

× これは、AR (Augmented Reality＝拡張現実) のことです。NFV (Network Functions Virtualization) は、仮想化技術を利用し、ネットワーク機能を汎用サーバ上で実現することです。

問題 7 □□□

TCP/IPネットワークで使用されるARPは、IPアドレスからMACアドレスを得るためのプロトコルである。

問題 8 □□□

TCP/IPネットワークにおけるRARPは、IPパケットが通信先のIPアドレスに到達するかどうかを調べる。

★ **問題 9** □□□

ネットワーク機器の接続状態を調べるためのコマンドpingが用いるプロトコルは、ICMPである。

問題 10 □□□

ブロードキャストフレームによるデータ伝送では、同一セグメント内のすべてのノードに対して、送信元が順番にデータを伝送する。

問題 11 □□□

ルータは、OSI基本参照モデルにおけるトランスポート層からアプリケーション層までの階層で、プロトコル変換を行う。

★ **問題 12** □□□

TCP/IPネットワークのフォワードプロキシは、Webサーバと同一の組織内に設置され、Webブラウザからのリクエストに対してWebサーバの代理として応答する。

キーワード⑦ ARP

○ ARPは、Address Resolution Protocolの略です。Gratuitous ARP (GARP) などに利用されています。

キーワード⑧ RARP

× RARP (Reverse Address Resolution Protocol) は、ARPの逆で、MACアドレスからIPアドレスを求めます。問題文はICMPのことです。

キーワード⑨ ICMP

○ pingコマンドはICMPのエコー要求やエコー応答メッセージを利用して、機器間の通信状態を確認します。

キーワード⑩ ブロードキャストフレーム

× ブロードキャストフレームによるデータ伝送では、同一セグメント内のすべてのノードに対して、送信元が一度の送信でデータを伝送します。

キーワード⑪ ルータ

× これは、ゲートウェイのことです。ルータは、伝送媒体やアクセス制御方式が異なるネットワークの接続が可能であり、送信データのIPアドレスを識別して、データの転送経路を決定します。

キーワード⑫ フォワードプロキシ

× これは、リバースプロキシのことです。フォワードプロキシは、Webブラウザの代理として、Webサーバに対するリクエストを送信します。

問題 13

「2001:db8::3ab:ff01」は、IPv6アドレスの表記として適切である。

問題 14

IPv6において、拡張ヘッダを利用することによって実現できるセキュリティ機能としては、マルウェア検知機能がある。

問題 15

PPPは、WANを介して二つのノードをダイヤルアップ接続するときに使用されるプロトコルであり、リンク制御やエラー処理機能をもつ。

問題 16

VRRP(Virtual Router Redundancy Protocol)は、ルータを冗長化するために用いられるプロトコルである。

問題 17

マルチホーミングは、インターネット接続において、複数のISPの回線を使用した冗長化構成を表す用語である。

問題 18

ブロードキャストストームとは、ネットワークスイッチ間のループ状の接続によって、ブロードキャストフレームが大量に複製され、通信が極端に遅くなったり通信できなくなったりすることである。

キーワード⑬ IPv6

○ IPv6は128ビットで、16ビット(16進数4桁)ごとに「:」で区切ります。ただし、「0db8」は「db8」として、0が連続する場合は「::」として表記できます。

キーワード⑭ IPv6

× IPv6は、標準でIPsecによる暗号化通信に対応していますが、そのほかのセキュリティ機能はありません。

キーワード⑮ PPP

○ PPP (Point to Point Protocol)は、リンク接続プロトコル(LCP)とネットワーク制御プロトコル(NCP)の2つのプロトコルに分類されます。

キーワード⑯ VRRP

○ 冗長化(Redundancy)とは、同じ機能を複数用意しておき、異常発生時に肩代わりさせることです。

キーワード⑰ マルチホーミング

○ マルチホーミングでは、複数の経路を用いてネットに接続します。

キーワード⑱ ブロードキャストストーム

○ ブロードキャストストームを防ぐためのプロトコルにスパニングツリープロトコルがあり、IEEE802.1Dで定義されています。

問題 19

IPアドレス208.77.188.166は、マルチキャストアドレスである。

★ 問題 20

Webサーバを使ったシステムにおいて、インターネット経由でアクセスしてくるクライアントから受け取ったリクエストをWebサーバに中継する仕組みを、フォワードプロキシという。

問題 21

SOAPは、他のコンピュータ上にあるデータの取り出しやサービスの呼び出しを行うためのプロトコルであり、メッセージがXMLで記述されたヘッダとボディで構成されている。

問題 22

SDNは、単一の物理サーバ内の仮想サーバ同士が、外部のネットワーク機器を経由せずに、物理サーバ内部のソフトウェアで実現された仮想スイッチを経由して通信する方式である。

問題 23

電子メールの内容の機密性を高めるために用いられるプロトコルとしては、IMAP4がある。

キーワード⑲ IPアドレス

× 先頭の208を2進数にすると11010000となり、最初が「110」となるので、正しくはクラスCのグローバルアドレスです。マルチキャストアドレスの場合、クラスDなので先頭の4ビットが「1110」でなければなりません。

キーワード⑳ リバースプロキシ

× 正しくは、リバースプロキシです。フォワードプロキシは普通のプロキシのことで、内部のクライアントの代わりにWebサーバにアクセスします。

キーワード㉑ SOAP

○ SOAPは、Simple Object Access Protocolの略で、ソープと読みます。

キーワード㉒ SDN

× SDN (Software-Defined Networking) は、データを転送するネットワーク機器とは分離したソフトウェアによって、ネットワーク機器を集中的に制御、管理するアーキテクチャで、OpenFlowを使っています。

キーワード㉓ IMAP4

× 正しくは、S/MIMEです。IMAP4は、メール受信用のプロトコルで、POPとは異なり、希望するメールだけを選択して受信できます。

挑戦問題

問題 1 □□□

VoIP通信において8kビット/秒の音声符号化を行い、パケット生成周期が10ミリ秒のとき、1パケットに含まれる音声ペイロードは10バイトである。

問題 2 □□□

プライベートIPアドレスを割り当てられたPCがNAPT（IPマスカレード）機能をもつルータを経由して、インターネット上のWebサーバにアクセスしている。WebサーバからPCへの応答パケットに含まれるヘッダ情報のうち、このルータで書き換えられるフィールドは、送信元IPアドレスと送信元ポート番号である。

問題 3 □□□

伝送効率50％、100Mビット/秒のLANを使用し、1件のレコード長が1,000バイトの電文を1,000件連続して伝送するとき、伝送時間は0.16秒である。

問題 4 □□□

伝送速度30Mビット/秒の回線を使ってデータを連続送信したとき、平均して100秒に1回の1ビット誤りが発生した。

この回線のビット誤り率は、3.33×10^{-9}である。

キーワード① 音声ペイロード

○ パケット生成周期が10ミリ秒なので、1秒では100回パケットが生成されます。また、8kビット/秒＝8k÷8＝1,000バイト/秒ですから、1パケットには1,000÷100＝10バイト含まれます。

キーワード② NAPT

× 送信元IPアドレスと送信元ポート番号は、書き換えられません。書き換えられるのは、宛先IPアドレスと宛先ポート番号です。

キーワード③ 伝送時間

○ 伝送効率50%、100Mビット/秒ですから、実際の伝送速度は100×0.5＝50Mビット/秒です。1,000バイトの電文1,000件のデータ量は1k×1k＝1Mバイト＝8Mビットですので、伝送時間は8M÷50M＝0.16秒です。

キーワード④ ビット誤り率

× 30Mビット/秒で100秒送信すると、データ量は3,000Mビットです。その中に1回の1ビット誤りですから、ビット誤り率は1÷3,000M＝0.33×10^{-9}＝3.33×10^{-10}です。

問題 5 □□□

あるサブネットでは、ルータやスイッチなどのネットワーク機器にIPアドレスを割り当てる際、割り当て可能なアドレスの末尾から降順に使用するルールを採用している。このサブネットのネットワークアドレスを10.16.32.64/26とするとき、10番目に割り当てられるネットワーク機器のアドレスは10.16.32.118である。

問題 6 □□□

次のIPアドレスとサブネットマスクをもつPCがある。このPCのネットワークアドレスは、10.170.70.16である。

IPアドレス：　　　10.170.70.19
サブネットマスク：255.255.255.240

問題 7 □□□

IPv4ネットワークで使用されるIPアドレスaとサブネットマスクmからホストアドレスを求める式は、a＆～mである。ここで、"～"はビット反転の演算子、"｜"はビットごとの論理和の演算子、"＆"はビットごとの論理積の演算子を表し、ビット反転の演算子の優先順位は論理和、論理積の演算子よりも高いものとする。

キーワード⑤ IPアドレス

× ネットワークアドレスが10.16.32.64/26ですから、最初の26ビットがネットワークアドレスです。すると、ホストアドレスは、32－26＝6ビットです。末尾から降順に使用しますが、末尾の111111はブロードキャストアドレス（一斉配信用）であり使用できませんので、使用可能な末尾は111110の10進数126です。ここから、降順に10番目は117です。よって、正答は10.16.32.117です。

キーワード⑥ IPアドレス

○ 255は2進数でオール1ですので、10.170.70はそのままです。最後の240は2進数で11110000ですから、IPアドレスの最後の上位4ビットがどうなっているのかですが、19は2進数で00010011ですから、上位4ビットは0001で2進数で16です。

キーワード⑦ ホストアドレスを求める式

○ サブネットマスクmは、ネットワークアドレス部が1で、それ以外が0になっていますから、IPアドレスaとサブネットマスクmとの論理積をとるとネットワークアドレスを取り出すことができます。さらに、サブネットマスクmを反転させてからIPアドレスaとの論理積をとれば、ホストアドレスを求めることになります。

POINT 2 セキュリティ

問題 1 □□□

エクスプロイトキットとは、Webサイトのアクセスログから、Webサイトの脆弱性を悪用した攻撃を検出するツールである。

★ **問題 2** □□□

情報セキュリティにおけるエクスプロイトコードは、ソフトウェアやハードウェアの脆弱性を検査するために作成されたプログラムである。

★ **問題 3** □□□

ダークネットにおいては、マルウェアがIoT機器やサーバなどの攻撃対象を探すために送信するパケットが観測される。

★ **問題 4** □□□

リスクベース認証は、認証要求元の環境によらず常に二つの認証方式を併用することによって、安全性を高める。

問題 5 □□□

楕《だ》円曲線暗号は、素因数分解問題の困難性を利用している。

★ **問題 6** □□□

ブルートフォース攻撃は、正当な利用者のログインシーケンスを盗聴者が記録してサーバに送信する。

問題 7 □□□

キーロガーは、WebブラウザとWebサーバの間の通信で、認証が成功してセッションが開始されているときに、Cookieなどのセッション情報を盗む。

キーワード① エクスプロイトキット

×

エクスプロイトキットは、OSやアプリケーションソフトウェアの脆弱性を悪用して攻撃するツールです。問題文はSIEMの説明です。

キーワード② エクスプロイトコード

○

エクスプロイトコードは、脆弱性を悪用するソフトウェアのコードを指すこともあります。このエクスプロイトコードを複数まとめたツールが、エクスプロイトキットです。

キーワード③ ダークネット

○

ダークネットは、インターネット上で到達可能ではあるけれども、使われていないIPアドレス空間を示します。

キーワード④ リスクベース認証

×

リスクベース認証では、普段と異なる環境からのアクセスと判断した場合に、追加の本人認証を行います。問題文は二要素認証の説明です。

キーワード⑤ 楕円曲線暗号

×

素因数分解問題の困難性を利用しているのは、RSAです。楕円曲線暗号は、離散対数問題を利用した公開鍵暗号のアルゴリズムです。

キーワード⑥ ブルートフォース攻撃

×

これは、リプレイアタックです。ブルートフォース攻撃は、使用可能な文字のあらゆる組合せをパスワードとして、繰り返しログインを試みるものです。

キーワード⑦ キーロガー

×

キーロガーは、コンピュータへのキー入力をすべて記録して外部に送信します。問題文はセッションハイジャックの説明です。

問題 8 □□□

ディレクトリトラバーサル攻撃は、大量のデータをWebアプリケーションに送ることによって、用意されたバッファ領域を溢れさせる。

問題 9 □□□

Webアプリケーションのフォームの入力フィールドに、悪意のあるJavaScriptコードを含んだデータを入力する手口は、クロスサイトスクリプティングの一例である。

問題 10 □□□

ポリモーフィック型マルウェアは、感染ごとにマルウェアのコードを異なる鍵で暗号化する。

★問題 11 □□□

チャレンジレスポンス認証方式は、利用者が入力したパスワードと、サーバから受け取ったランダムなデータとをクライアントで演算し、その結果をサーバに送信する。

問題 12 □□□

企業のDMZ上で1台のDNSサーバを、インターネット公開用と、社内のPC及びサーバからの名前解決の問合せに対応する社内用とで共用している。このDNSサーバが、DNSキャッシュポイズニング攻撃を受けた場合、社内の利用者が、インターネット上の特定のWebサーバにアクセスしようとしたとき、本来とは異なるWebサーバに誘導される。

キーワード⑧ ディレクトリトラバーサル攻撃

×

これは、バッファオーバーフロー攻撃のことです。ディレクトリトラバーサル攻撃は、相対パスなどの想定外のパス名を指定することで、本来アクセスできないページやファイルに直接ジャンプします。

キーワード⑨ クロスサイトスクリプティング

○

クロスサイトスクリプティング（Cross Site Scripting＝XSS）は、Webアプリケーションの脆弱性を利用して、利用者の元で悪意のあるスクリプトを実行します。

キーワード⑩ ポリモーフィック型マルウェア

○

これにより、同一のプログラムでありながらパターンマッチングでは検出されないようになります。

キーワード⑪ チャレンジレスポンス

○

ランダムなデータがチャレンジで、演算した結果がレスポンスです。サーバ側でも同じ演算をし、照合して認証します。パスワードそのものをやりとりしないため、通信の盗聴に対して耐性があります。

キーワード⑫ DNSキャッシュポイズニング

○

DNSキャッシュポイズニングは、DNSサーバのドメインとIPアドレスの情報を、偽の情報に書き換える手法です。これにより、フィッシングサイトに誘導されたりします。

問題 13 □□□

認証局が発行するCRLには、有効期限内のディジタル証明書のうち失効したディジタル証明書と失効した日時の対応が提示される。

問題 14 □□□

SEOポイズニングは、Web検索サイトの順位付けアルゴリズムを悪用して、検索結果の上位に、悪意のあるWebサイトを意図的に表示させる。

問題 15 □□□

パスワードに使用できる文字の種類の数をM、パスワードの文字数をnとするとき、設定できるパスワードの理論的な総数を求める数式は、n^Mである。

問題 16 □□□

ドライブバイダウンロード攻撃は、建物の外部に漏れた無線LANの電波を傍受して、セキュリティ設定が脆弱な無線LANのアクセスポイントを見つけ出す。

問題 17 □□□

AESは公開鍵暗号方式、RSAは共通鍵暗号方式の一種である。

問題 18 □□□

共通鍵暗号方式で相手ごとに秘密の通信をする場合、通信相手が多くなるに従って、鍵管理の手間が増える。

キーワード⑬ CRL

○ CRL (Certificate Revocation List＝証明書失効リスト) は、有効期限内に失効したディジタル証明書のリストで、証明書の失効情報が記録されています。

キーワード⑭ SEOポイズニング

○ SEOは、Search Engine Optimizationの略で、検索エンジン最適化と訳されます。

キーワード⑮ パスワードの総数

× 正しくは、M^nです。1文字ならM種類、2文字なら$M×M$種類…となります。

キーワード⑯ ドライブバイダウンロード攻撃

× これは、ウォードライビングのことです。ドライブバイダウンロード攻撃は、利用者がWebサイトを閲覧したとき、利用者に気付かれないように不正プログラムをダウンロードさせます。

キーワード⑰ 暗号方式

× RSAは公開鍵暗号方式、AESは共通鍵暗号方式の一種です。

キーワード⑱ 共通鍵暗号方式

○ 共通鍵暗号方式では、通信の組み合わせごとに異なる鍵が必要です。n人が相互に通信する場合$n(n-1)/2$個の鍵が必要です。

問題 19 □□□

OpenPGPやS/MIMEにおいて用いられるハイブリッド暗号方式は、複数の異なる共通鍵暗号方式を組み合わせることによって処理性能を高める。

問題 20 □□□

成人には虹《こう》彩の経年変化がなく、虹彩認証では、認証デバイスでのパターン更新がほとんど不要である。

問題 21 □□□

社内ネットワークに仕掛けられたマルウェアによってHTTPSが使われると、通信内容がチェックできないので、秘密情報が社外に送信されてしまう。

★ **問題 22** □□□

SQLインジェクション攻撃は、OSコマンドを受け付けるアプリケーションに対して、攻撃者が、ディレクトリを作成するOSコマンドの文字列を入力して実行させる。

問題 23 □□□

レインボー攻撃は、何らかの方法で入手した利用者IDと平文のパスワードのリストを用いて、複数のシステム間で使い回されているIDとパスワードの組み合わせを狙ってログインを試行する。

問題 24 □□□

A社のWebサーバは、サーバ証明書を使ってTLS通信を行っている。PCからA社のWebサーバへのTLSを用いたアクセスにおいて、当該PCがサーバ証明書を入手した後には、利用者が入力して送付する秘匿データを、認証局の公開鍵を使って暗号化する。

キーワード⑲ ハイブリッド暗号方式

× ハイブリッド暗号方式では、公開鍵暗号方式と共通鍵暗号方式を組み合わせることで、鍵管理コストと処理性能の両立を図ります。

キーワード⑳ 虹彩認証

○ 顔は経年変化しますが、虹彩は生涯にわたって変化しないと言われています。

キーワード㉑ HTTPS

○ HTTPS (HTTP over TLS) では、サーバとクライアントとの間の通信が暗号化されるため、プロキシサーバなどが介在していても内容は確認できません。

キーワード㉒ SQLインジェクション攻撃

× これは、OSコマンドインジェクション攻撃のことです。SQLインジェクション攻撃は、SQL文のリテラル部分の生成処理に問題があるアプリケーションに対して、攻撃者が、任意のSQL文を渡して実行させます。

キーワード㉓ レインボー攻撃

× これは、パスワードリスト攻撃です。レインボー攻撃は、平文のパスワードとハッシュ値をチェーンによって管理するテーブル（レインボーテーブル）を準備しておき、それを用いてターゲットのハッシュ値からパスワードを解読します。

キーワード㉔ サーバ証明書

× そうではなく、サーバ証明書の正当性を、認証局の公開鍵を使って検証します。

★ 問題 25 □□□

JIS Q 27000では、情報セキュリティは主に三つの特性を維持することとされている。それらは機密性と完全性と可用性である。

問題 26 □□□

サイバーセキュリティ基本法に基づき内閣官房に設置された機関を、IPAという。

★ 問題 27 □□□

サイバーレスキュー隊は、標的型サイバー攻撃の脅威による被害の低減と拡大防止を活動目的としている。

問題 28 □□□

重要情報の取扱いを委託する場合、委託元は情報の安全管理に必要な事項を事前に確認し、それらの事項を盛り込んだ上で契約書を取り交わす。

問題 29 □□□

水飲み場型攻撃は、標的組織の従業員が頻繁にアクセスするWebサイトに攻撃コードを埋め込み、その従業員がアクセスしたときだけ攻撃が行われるようにする。

問題 30 □□□

Man-in-the-Browser攻撃は、DNSサーバのキャッシュを不正に書き換えて、インターネットバンキングに見せかけた偽サイトをWebブラウザに表示させる。

キーワード25 情報セキュリティの三要素

○ 機密性(Confidentiality)と完全性(Integrity)と可用性(Availability)は、情報セキュリティの三要素と呼ばれます。情報セキュリティのCIAともいいます。

キーワード26 NISC

× IPAは、情報処理推進機構です。正しくは、NISC(内閣サイバーセキュリティセンター)です。

キーワード27 J-CRAT

○ サイバーレスキュー隊(J-CRAT)は、標的型サイバー攻撃の相談や情報提供を受け付け、標的型サイバー攻撃の把握や被害の分析、対策の支援などを行っています。

キーワード28 重要情報の取扱い

○ きちんと確認したうえで、文書化する必要があります。

キーワード29 水飲み場型攻撃

○ 標的が頻繁にアクセスするWebサイトを水飲み場になぞらえ、水を飲みに現れた標的だけを狙う手法です。

キーワード30 Man-in-the-Browser攻撃

× Man-in-the-Browser(MITB)攻撃は、PCに侵入したマルウェアが、Webブラウザ上での通信を監視し、振り込み先などの通信内容を改ざんします。問題文はDNSキャッシュポイズニングの説明です。

問題 31 □□□

JIS Q 27000で定義された情報セキュリティの特性に関して、否認防止の特性は、意図する行動と結果が一貫性をもつ。

問題 32 □□□

顔認証は、他人受入率を虹《こう》彩認証と比べて低くすることが可能である。

問題 33 □□□

ディスクを解析し、削除されたログファイルを復元することによって不正アクセスの痕跡を発見することは、ディジタルフォレンジックスの収集の手順に該当する。

★**問題 34** □□□

マルウェアに感染していないファイルを、感染していると判断することは、マルウェア対策ソフトのフォールスネガティブに該当する。

問題 35 □□□

PCなどの機器に搭載され、鍵生成やハッシュ演算及び暗号処理を行うセキュリティチップは、TPMに該当する。

問題 36 □□□

複数のサーバやネットワーク機器のログを収集分析し、不審なアクセスを検知するのは、SIEMの特徴である。

キーワード31 否認防止

× 意図する行動と結果が一貫性をもつのは、信頼性の特性です。否認防止の特性は、ある利用者がシステムを利用したという事実を証明可能にすることです。

キーワード32 虹彩認証

× 逆です。虹彩認証の方が、顔認証よりも他人受入率を低くすることが可能です。

キーワード33 ディジタルフォレンジックス

○ ディジタルフォレンジックス (Digital Forensics) の手順は、収集、検査、分析、報告に分けられます。

キーワード34 フォールスネガティブ

× これは、フォールスポジティブ (偽陽性) に該当します。フォールスネガティブ (偽陰性) は、マルウェアに感染しているファイルを、感染していないと判断した場合です。

キーワード35 TPM

○ TPMは、Trusted Platform Moduleの略です。

キーワード36 SIEM

○ SIEMは、Security Information and Event Managementの略で、セキュリティ情報及びイベント管理といいます。

問題 37 □□□

DNSSECでは、公開鍵暗号方式によるディジタル署名を用いることによって、正当なDNSサーバからの応答であることをクライアントが検証できる。

問題 38 □□□

パケットフィルタリング型ファイアウォールが、通信パケットの通過を許可するかどうかを判断するときに用いるものは、送信元と宛先のIPアドレスの2つである。

問題 39 □□□

WAFは、Webアプリケーションへの攻撃を検知し、阻止する。

★問題 40 □□□

情報セキュリティにおけるサンドボックスは、Webサーバの前段に設置し、不特定多数のPCから特定のWebサーバへのリクエストに代理応答する。

問題 41 □□□

ファイアウォールのNAPT機能により、内部ネットワークからインターネットにアクセスする利用者PCに対しての、インターネットからの不正アクセスを困難にすることができる。

問題 42 □□□

無線LAN環境におけるWPA2-PSKの機能は、アクセスポイントに設定されているSSIDを共通鍵とし、通信を暗号化することである。

キーワード37 DNSSEC

○ DNSSECは、Domain Name System Security Extensionの略で、改ざんされていないことも検証できます。

キーワード38 パケットフィルタリング型ファイアウォール

× この他に、ポート番号も使います。

キーワード39 WAF

○ WAFは、Web Application Firewallの略です。

キーワード40 サンドボックス

× これは、リバースプロキシのことです。サンドボックスは、不正な動作をする可能性があるプログラムを特別な領域で動作させることによって、他の領域に悪影響が及ぶのを防ぎます。

キーワード41 NAPT

○ NAPT (Network Address Port Translation) では、ポート番号を使いますが、不正アクセスでポート番号を正しく指定することは困難です。

キーワード42 WPA2-PSK

× SSIDはアクセスポイントの識別名であり、暗号化の鍵に使うことはありません。WPA2-PSKは、アクセスポイントと端末で事前に共有したパスワードPSK (Pre-Shared Key) を用いて接続を認証します。

★問題 43 □□□

DNSキャッシュサーバに対して外部から行われるキャッシュポイズニング攻撃への対策としては、再帰的な問合せに対しては、内部ネットワークからのものだけを許可するように設定する。

問題 44 □□□

クロスサイトスクリプティング対策の例として、許容量を超えた大きさのデータをWebページに入力することを禁止することが挙げられる。

★問題 45 □□□

SSHは、暗号化や認証機能をもち、遠隔にあるコンピュータに安全にログインするためのプロトコルである。

問題 46 □□□

SPFは、受信側のメールサーバが、受信メールの送信元IPアドレスと、送信元ドメインのDNSに登録されているメールサーバのIPアドレスとを照合する。

問題 47 □□□

Webシステムにおいて、セッションの乗っ取りの機会を減らすためには、利用者のログアウト時にWebサーバ上でセッションIDをディスクに格納する必要がある。

キーワード43 キャッシュポイズニング攻撃

○ キャッシュポイズニング攻撃は、再帰的な問合せを悪用してDNSサーバに偽の情報を登録させようとします。

キーワード44 クロスサイトスクリプティング対策

× これはバッファオーバーフローに対する対策なので、不適当です。正しい例としては、Webページに入力されたデータの出力が、HTMLタグとして解釈されないよう処理することなどがあります。

キーワード45 SSH

○ SSHは、Secure SHellの略で、セキュアシェルと読みます。

キーワード46 SPF

○ SPF (Sender Policy Framework) は、受信した電子メールの送信元ドメインが詐称されていないことを検証する仕組みです。

キーワード47 セッションハイジャック

× セッションIDをディスクに格納しても意味がありません。Webサーバにおいてセッション IDを無効にしたり、また、乗っ取られても大丈夫なように、パスワードによる利用者認証を行ったりすることが有効です。

★問題 48 □□□

取引履歴などのデータとハッシュ値の組みを順次つなげて記録した分散型台帳を、ネットワーク上の多数のコンピュータで同期して保有し管理することによって、一部の台帳で取引データが改ざんされても、取引データの完全性と可用性が確保されることを特徴とする技術を、ブロックチェーンという。

問題 49 □□□

スパムメール対策として、サブミッションポート(ポート番号587)を導入する目的は、POP before SMTPを使用して、メール送信者を認証することである。

問題 50 □□□

ファジングは、ソフトウェアに問題を引き起こしそうな多様なデータを入力し、挙動を監視して脆弱性を見つけ出す。

問題 51 □□□

内部ネットワークのPCからインターネット上のWebサイトを参照するときに、DMZに設置したVDI(Virtual Desktop Infrastructure)サーバ上のWebブラウザを利用すると、Webサイトからの受信データは、受信処理ののち生成したデスクトップ画面の画像データとしてPCに送信される。

キーワード48 ブロックチェーン

○ ブロックチェーンは、仮想通貨の基盤となる技術で、分散型台帳技術といいます。

キーワード49 サブミッションポート

× サブミッションポートは、POP before SMTPではなくSMTP-AUTHに使用されるポートであり、メール送信者の認証に利用されます。

キーワード50 ファジング

○ ファジング（Fuzzing）は脆弱性を検出する方法のひとつで、問題を引き起こしそうな多様なデータはファズ（Fuzz）と呼ばれます。

キーワード51 VDI

○ これにより、未知のマルウェアがPCにダウンロードされるのを防ぐというセキュリティ上の効果が期待できます。

挑戦問題

問題 1 □□□

クラウドのサービスモデルをNISTの定義に従ってIaaS、PaaS、SaaSに分類したとき、PaaSとSaaSでは実施できないが、IaaSでは実施できるものとしては、アプリケーションの利用者ID管理がある。

問題 2 □□□

信号の読出し用プローブの取付けを検出するとICチップ内の保存情報を消去する回路を設けて、ICチップ内の情報を容易に解析できないようにすることは、ICカードの耐タンパ性を高める対策である。

問題 3 □□□

クロスサイトスクリプティングの手口は、攻撃者が、スクリプトを用いてWebサイトのOSコマンドを呼び出し、任意のファイルの読出しや変更・削除などの不正操作をする。

問題 4 □□□

経済産業省とIPAが策定した“サイバーセキュリティ経営ガイドライン（Ver1.1）”は、経営者が、情報セキュリティについて方針を示し、マネジメントシステムの要求事項を満たすルールを定め、組織が保有する情報をCIAの観点から維持し、継続的に見直すためのプロセス及び管理策を体系的に規定したものである。

キーワード① クラウド

×

アプリケーションの利用者ID管理は、どのモデルでも実施できます。PaaSとSaaSでは実施できず、IaaSでは実施できるものとしては、仮想サーバのゲストOSに係るセキュリティの設定があります。

キーワード② 耐タンパ性

○

タンパ（Tamper）とは「改ざんする」という意味で、耐タンパ性は、改ざんなどに対する耐性を意味します。

キーワード③ クロスサイトスクリプティング

×

これは、OSコマンドインジェクションの手口です。クロスサイトスクリプティングでは、攻撃者が用意したスクリプトを、閲覧者のWebブラウザを介して脆《ぜい》弱なWebサイトに送り込み、閲覧者のWebブラウザ上でスクリプトを実行させます。

キーワード④ サイバーセキュリティ経営ガイドライン

×

これは、情報セキュリティ方針です。サイバーセキュリティ経営ガイドラインは、企業がIT活用を推進していく中で、サイバー攻撃から企業を守る観点で経営者が認識すべき3原則と、情報セキュリティ対策を実施する上での責任者となる担当幹部に、経営者が指示すべき事項をまとめたものです。

第4章 難関突破

問題 1

設置場所が異なるクライアントとサーバ間で、次の条件で通信を行う場合の応答時間は何秒か。ここで、クライアントの送信処理の始まりから受信処理の終了までを応答時間とし、距離による遅延は考慮しないものとする。

〔条件〕

クライアントとサーバ間の回線速度	8 M ビット／秒
伝送効率	60 %
電文長	上り 1 M バイト，下り 2 M バイト
クライアントの処理時間	送信，受信を合わせて 0.4 秒
サーバの処理時間	送信，受信を合わせて 0.4 秒

ア 1.4　イ 3.8　ウ 5.0　エ 5.8

（平成29年秋期午前問32）

問題 2

二つのIPv4ネットワーク192.168.0.0/23と192.168.2.0/23を集約したネットワークはどれか。

ア 192.168.0.0/22　イ 192.168.1.0/22
ウ 192.168.1.0/23　エ 192.168.3.0/23

（平成30年春期午前問35）

解答❶ エ

回線速度は8Mビット/秒＝8M÷8バイト/秒＝1Mバイト/秒ですが、伝送効率が60%なので実際には、1M×0.6＝0.6Mバイト/秒です。

次に、電文長は上り1Mバイト+下り2Mバイト＝3Mバイトですから、これを0.6Mバイト/秒の速度で伝送するのにかかる時間は、3Mバイト÷0.6Mバイト/秒＝5秒です。

あとはこれにクライアントの処理時間0.4秒とサーバの処理時間0.4秒を加えます。すると5+0.4+0.4=5.8秒です。

解答❷ ア

192.168については全て共通ですので、最初の16ビット(8ビット×2)は問題ありません。その後を考えると、0.0と2.0ですから、2進数に直すと、

00000010.00000000
00000000.00000000

となり、左から6ビットまでは0で共通です。

すると、最初の16ビットも共通ですから、合わせて22ビットが共通となり、集約したネットワークは192.168.0.0/22となります。

問題 3 VPNで使用されるセキュアなプロトコルであるIPsec、L2TP、TLSの、OSI基本参照モデルにおける相対的な位置関係はどれか。

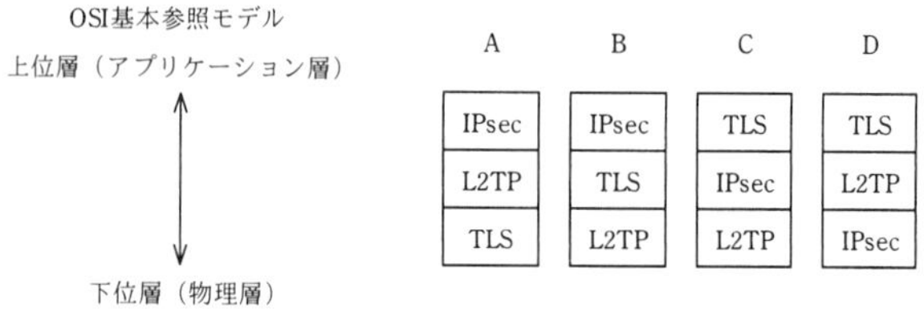

ア A　　イ B　　ウ C　　エ D

（平成31年春期午前問42）

解答❸ ウ

L2TPのL2がLayer2であることが分かれば、最下層の物理層の次に位置することがわかりますから、選択肢はイかウに絞られます。

IPsecはInternet ProtocolのIPで、ネットワーク層です。また、TLSはTransport Layer Securityなので、トランスポート層です。

この順番がすぐに分かればよいのですが、簡単な暗記法を紹介しておきます。OSI基本参照モデルは、次の7階層に分かれています。

7	アプリケーション層
6	プレゼンテーション層
5	セッション層
4	トランスポート層
3	ネットワーク層
2	データリンク層
1	物理層

このうち、第1層の物理層は、コネクタのピンの数や形状などといった物理的な接続で、基本中の基本ですから、第1層であると覚えます。

基本の逆は応用ですが、応用はアプリケーションですから、第1層の逆側の第7層がアプリケーション層であると覚えます。この2つは必ず覚えます。

あとは、残りの第2層～第6層をどう覚えるかですが、上の第6層から順に「プレゼンでは虎は寝て」と覚えます。「プレ」がプレゼンテーション層、「ゼン」がセッション層、「虎」がトランスポート層、「寝」がネットワーク層、「て」がデータリンク層です。

以上で、正解にたどり着けます。

問題 3

図のような構成と通信サービスのシステムにおいて、Webアプリケーションの脆《ぜい》弱性対策のためのWAFの設置場所として、最も適切な箇所はどこか。ここで、WAFには通信を暗号化したり、復号したりする機能はないものとする。

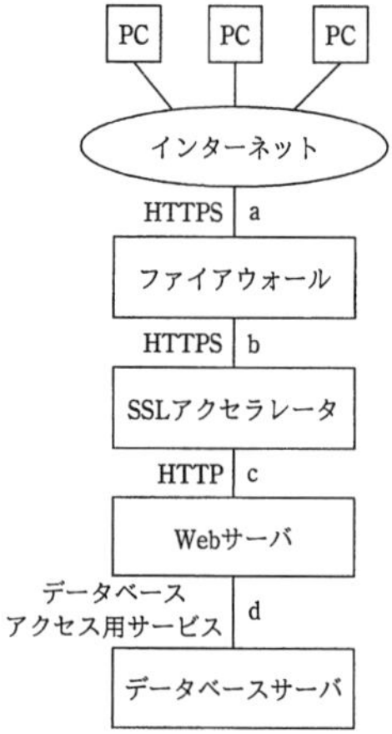

ア a　**イ** b　**ウ** c　**エ** d

（平成29年春期午前問43）

解答❸ ウ

「WAFには通信を暗号化したり、復号したりする機能はない」ので、HTTPSのaとbは不適です。
また、WAF(Web Application Firewall)は、Webアプリケーションを保護しますので、Webサーバの前になければなりません。すると、cに絞られます。

これだけは覚えておきたい重要単語

- □ フォワードプロキシは、Webブラウザの代理
- □ リバースプロキシは、Webサーバの代理
- □ 情報セキュリティの3要素は、機密性(Confidentiality)と完全性(Integrity)と可用性(Availability)。
- □ J-CRATは、サイバーレスキュー隊
- □ フォールスポジティブは、マルウェアに感染していないファイルを、感染していると判断
- □ フォールスネガティブは、マルウェアに感染しているファイルを、感染していないと判断
- □ エクスプロイトキットは、OSやアプリケーションソフトウェアの脆弱性を悪用して攻撃するツール
- □ エクスプロイトコードは、ソフトウェアやハードウェアの脆弱性を検査するために作成されたプログラム
- □ ダークネットは、インターネット上で到達可能ではあるけれども、使われていないIPアドレス空間
- □ リスクベース認証は、普段と異なる環境からのアクセスと判断した場合、追加の本人認証
- □ ポリモーフィック型マルウェアは、感染ごとにマルウェアのコードを異なる鍵で暗号化することによって、同一のパターンでは検知されないようにする
- □ ブロックチェーンは、仮想通貨の基盤となる技術
- □ ファジングは、ソフトウェアに、問題を引き起こしそうな多様なデータを入力し、挙動を監視して、脆弱性を見つけ出す
- □ 耐タンパ性は、改ざんに耐える性質

第5章

テクノロジ系 開発技術

システムとは、結局はソフトウェアのことですが、単なるソフトウェアと違うのは、多数のソフトウェア（プログラム）が組み合わさり、1つの意味のある集合体になっていることです。
システム開発をどのように進めていくかについては、過去の経験から得られたいくつかの手法がありますが、その内の代表的なものにだけ焦点を当てます。
ソフトウェアの設計には、構造化プログラミングとオブジェクト指向設計という代表的な方法があります。

POINT 1 システムとコンピュータの開発技術

★問題 1 □□□

UMLのユースケース図は、データの流れに注目してシステムの機能を表現する。

問題 2 □□□

作業成果物の作成者以外の参加者がモデレータとしてレビューを主導することが特徴のレビュー技法を、インスペクションという。

問題 3 □□□

データ中心分析・設計技法は、機能を詳細化する過程で、モジュールの独立性が高くなるようにプログラムを分割していく。

★問題 4 □□□

ソフトウェアアーキテクチャパターンのうち、機能を業務ロジック、画面出力、それらの制御という、三つのコンポーネントに分けるものは、MVCである。

問題 5 □□□

オブジェクト指向言語のクラスは、オブジェクトに共通する性質を定義したものである。

問題 6 □□□

ソフトウェアに潜在する障害により故障が発生しやすいかどうかは、ソフトウェアの品質特性のうちの保守性に影響する。

問題 7 □□□

単一のデータ項目を大域的データで受け渡すことは、単一のデータ項目を引数で受け渡すことよりもモジュールの結合度が低い。

キーワード① ユースケース図

×

ユースケース図は、システムとアクタの相互作用を表現します。問題文はDFD(Data Flow Diagram=データフロー図)の説明です。

キーワード② インスペクション

○

インスペクションには、「綿密な調査」という意味があります。

キーワード③ データ中心分析・設計技法

×

このような手法は、オブジェクト指向アプローチです。データ中心分析・設計技法は、対象業務領域のモデル化にあたって、情報資源であるデータの構造に着目します。

キーワード④ MVC

○

MVC(Model View Control)によって、仕様の追加や変更による影響が及ぶ範囲を限定できるようになります。

キーワード⑤ クラス

○

クラスを集めたものはクラスライブラリと呼ばれます。

キーワード⑥ 保守性

×

故障が発生しやすいかどうかは、信頼性に影響します。保守性には、障害の診断やソフトウェアの修正箇所が識別しやすいかどうかなどが影響します。

キーワード⑦ モジュールの結合度

×

単一のデータ項目を引数で受け渡す方がモジュールの結合度が低いです。

★ 問題 8 □□□

乾電池のプラスとマイナスを逆にすると、乾電池が装填できないように設計するのは、フェールセーフの考えに基づく。

問題 9 □□□

アジャイル開発で“イテレーション”を行う目的の一つに、ソフトウェアに存在する顧客の要求との不一致を短いサイクルで解消することがある。

問題 10 □□□

SysMLは、Webページに画像を使用せずに数式を表示するために用いられる、XMLで定義されたマークアップ言語である。

★ 問題 11 □□□

ペトリネットは、外界の事象をデータ構造として表現する、データモデリングのアプローチをとる。その表現は、エンティティ、関連及び属性で構成される。

問題 12 □□□

組込み機器のソフトウェア開発にプラットフォーム開発を適用する利点は、ソフトウェアを複数の異なる機器に共通して利用することが可能になるので、ソフトウェア開発効率を向上できることである。

問題 13 □□□

組込みシステムの“クロス開発”は、実装担当及びチェック担当の二人一組で役割を交代しながら開発を行うことである。

キーワード⑧ フールプルーフ

× 利用者が誤った操作をしても誤動作しない設計や、そもそも誤った操作ができないようにする構造は、フールプルーフの考えに基づきます。

キーワード⑨ イテレーション

○ イテレーションは、「反復」「繰り返し」という意味で、開発を短いサイクルで繰り返します。

キーワード⑩ SysML

× SysML (Systems Modeling Language) は、システムの設計をグラフィカルに表現できる、UML仕様の一部を流用して機能拡張したモデリング言語です。問題文はMathMLの説明です。

キーワード⑪ ペトリネット

× これは、E-R図のことです。ペトリネットは、並行して進行する事象間の同期を表現できる図式化技法です。その構造はプレースとトランジションという2種類の節点をもつ有向2部グラフで表されます。

キーワード⑫ プラットフォーム開発

○ プラットフォーム開発は、複数の共用部分を先に開発することで効率アップを目指します。

キーワード⑬ クロス開発

× これは、ペアプログラミングのことです。クロス開発は、ソフトウェアを実行する機器とは異なる機器上で開発を行うことです。

問題 14 □□□

アジャイル開発のプラクティスである"ふりかえり(レトロスペクティブ)"を行う適切なタイミングは、"イテレーション"の各回の最後である。

問題 15 □□□

アジャイル開発のプラクティスのうち、リファクタリングは、回帰テストを行うことを前提とする。

問題 16 □□□

CMMIは、ソフトウェア開発組織及びプロジェクトのプロセスの成熟度を評価するためのモデルである。

問題 17 □□□

アジャイル開発などで導入されている"ペアプログラミング"の目的は、開発工程の初期段階に要求仕様を確認することである。

★問題 18 □□□

ソースプログラムを見直して構造化されたプログラムに変換するのは、リバースエンジニアリングに該当する。

問題 19 □□□

プロセス制御などの事象駆動(イベントドリブン)による処理の仕様を表現する方法として、適切なのは、クラス図である。

★問題 20 □□□

スタブは、テスト対象モジュールを呼び出すモジュールである。

キーワード⑭ ふりかえり

○ イテレーションの各回の最後にふりかえり、改善案を考えます。

キーワード⑮ リファクタリング

○ リファクタリングは、動作は変えずに内部構造だけを変えることです。このため、変更による動作への影響を検証する回帰テストが必要です。

キーワード⑯ CMMI

○ CMMIは、Capability Maturity Model Integrationの略で、能力成熟度モデル統合ともいいます。

キーワード⑰ ペアプログラミング

× そうではなく、品質の向上や知識の共有を図るためです。2人のプログラマがペアとなり、その場で相談したりレビューしたりしながら、ひとつのプログラムの開発を行います。

キーワード⑱ リバースエンジニアリング

× 問題文の説明は、リファクタリングに該当します。リバースエンジニアリングの例としては、ソースプログラムを解析してプログラム仕様書を作ることなどがあります。

キーワード⑲ イベントドリブン

× この場合に適切なのは、状態遷移図です。クラス図は、クラスの関係を示します。

キーワード⑳ ドライバとスタブ

× テスト対象モジュールを呼び出すのは、ドライバです。スタブは、上位モジュールから呼ばれる側です。

挑戦問題

問題 1 □□□

JIS X 25010で規定されたシステム及びソフトウェア製品の品質特性の一つである“機能適合性”は、同じハードウェア環境またはソフトウェア環境を共有する間、製品、システムまたは構成要素が他の製品、システムまたは構成要素の情報を交換することができる度合い、及び/またはその要求された機能を実行することができる度合いである。

問題 2 □□□

オペレーティングシステムの更新によって、既存のアプリケーションソフトウェアが正常に動作しなくなることが判明したので、正常に動作するように修正した。この保守を適応保守と呼ぶ。

問題 3 □□□

ビジネスプロセスをUMLで記述する際に使用される図法のうち、ユースケース図は、オブジェクト間のメッセージの交信と相互作用を記述する。

問題 4 □□□

ペネトレーションテストの目的は、ファイアウォールが単位時間当たりに処理できるセッション数を確認することである。

問題 5 □□□

あるプログラムにおいて、誤って繰返し処理の終了条件としてA≧aとすべきところをA＞aとした。このような誤りを検出するために有効なテストケース設計技法を限界値分析という。

キーワード❶ 機能適合性

× これは、互換性のことです。機能適合性は、明示された状況下で使用するとき、明示的ニーズおよび暗黙のニーズを満足させる機能を、製品またはシステムが提供する度合いです。

キーワード❷ 保守

○ 保守には、この他に、完全化保守、是正保守、予防保守があります。

キーワード❸ ユースケース図

× これは、コラボレーション図のことです。ユースケース図は、システムが提供する機能単位と利用者との関連を記述します。

キーワード❹ ペネトレーションテスト

× ペネトレーションテストの目的は、ファイアウォールや公開サーバに対して侵入できないかどうかを確認することです。問題文の説明は、負荷テストの目的です。

キーワード❺ 限界値分析

○ 限界値分析は、境界値分析とも言い、境界とその前後の値をチェックします。

第5章 難関突破

問題 1

アジャイル開発におけるプラクティスの一つであるバーンダウンチャートはどれか。ここで、図中の破線は予定または予想を、実線は実績を表す。

ア
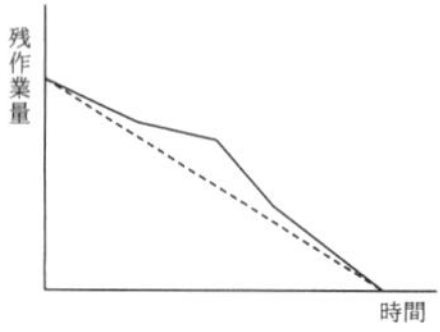

イ
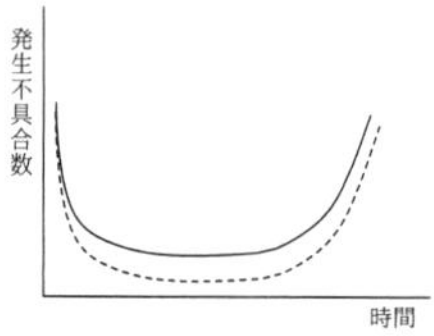

ウ
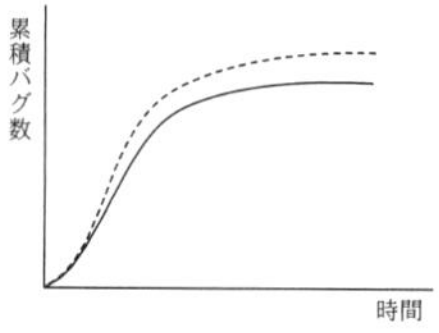

エ
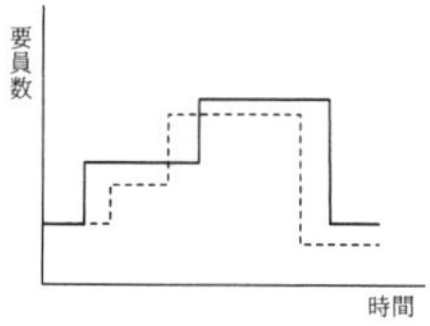

（平成31年春期午前問49）

問題 2

汎化の適切な例はどれか。

ア
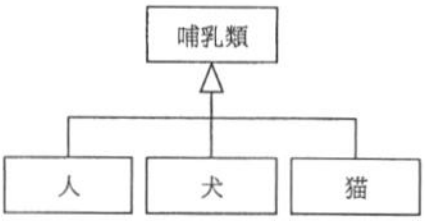

イ
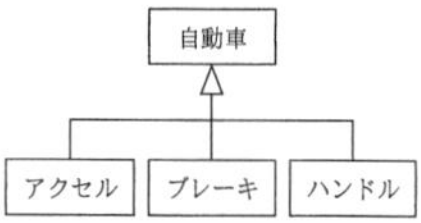

ウ
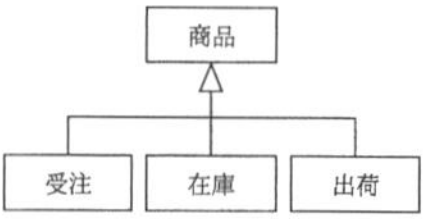

エ
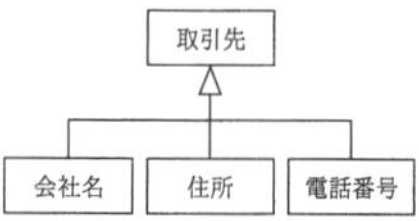

（平成29年春期午前問47）

解答①
ア

アがバーンダウンチャートで、作業の消化具合を示します。
イは、バスタブ曲線（故障率曲線）です。
ウは、バグ管理図です。
エは、要員のヒストグラムです。

解答②
ア

アは、人・犬・猫を汎化すると、哺乳類になります。
イは、自動車の部分として、アクセル・ブレーキ・ハンドルがあります。
ウは、どちらでもありません。
エは、取引先の属性として、会社名・住所・電話番号があります。

これだけは覚えておきたい重要単語

- □ ペトリネットは、並行して進行する事象間の同期
- □ SysMLは、システムの設計及び検証の用いられる、グラフィカルなモデリング言語
- □ プラットフォーム開発は、複数の共用部分を先に開発することで効率アップ
- □ ユースケース図は、システムとアクタの相互作用を表現
- □ MVCは、機能を業務ロジック、画面出力、それらの制御という、三つに分ける
- □ 保守には、適応保守、完全化保守、是正保守、予防保守
- □ 限界値分析（境界値分析）は、境界とその前後の値をチェック
- □ ドライバは、テスト対象モジュールを呼び出す
- □ スタブは、上位モジュールから呼ばれる
- □ クロス開発は、ソフトウェアを実行する機器とはCPUのアーキテクチャが異なる機器で開発
- □ ペアプログラミングは、実装担当とチェック担当の二人一組で役割を交代しながら開発
- □ CMMIは、ソフトウェア開発組織及びプロジェクトのプロセスの成熟度を評価するためのモデル
- □ リバースエンジニアリングは、ソフト/ハードウェアを解析して仕様を調査する

第6章

マネジメント系 プロジェクトマネジメント

プロジェクト（Project）とは特定の目的を持つ臨時の計画であり、マネジメント（Management）とは管理です。プロジェクトマネジメントとは、その計画を遂行する業務を管理することです。プロジェクトマネジメントそのもののほかに、作業の進捗状況を管理するタイムマネジメントや要員計画についても学びます。

POINT 1 プロジェクトマネジメント

問題 1 □□□

JIS Q 21500によれば、プロジェクトマネジメントの実行のプロセス群は、プロジェクトの計画に照らしてそのパフォーマンスを監視し、測定し、管理するために使用する。

★ **問題 2** □□□

プロジェクトのスケジュールを短縮するために、アクティビティに割り当てる資源を増やして、その所要期間を短縮する技法を、クラッシングという。

★ **問題 3** □□□

システム開発の進捗管理などに用いられるトレンドチャートは、作業日程の計画と実績を対比できるように帯状に示したものである。

問題 4 □□□

プロジェクト管理においてパフォーマンス測定に使用するEVMの管理対象は、コストとスケジュールである。

問題 5 □□□

PMBOKガイド第6版によれば、プロジェクトマネジメント・オフィス(PMO)は、プロジェクトの要求事項を満たすために、知識、スキル、ツールと技法をプロジェクトのアクティビティへ適用する。

問題 6 □□□

ISO 21500によれば、プロジェクト資源マネジメントにおける"プロジェクトチームの育成"の目的は、プロジェクトの完遂に必要な能力をもったプロジェクトチームのメンバを招集し、人的資源を得ることである。

キーワード① 実行のプロセス群

×

これは管理のプロセス群です。実行のプロセス群は、プロジェクトの全体計画に従ってプロジェクトの成果物の提示を支援するために使用します。

キーワード② クラッシング

○

クラッシングは、プロジェクトの外部から要員を調達し、クリティカルパス上の作業に投入するなど、遅れている工期を挽回するために用いられます。

キーワード③ トレンドチャート

×

トレンドチャートは、作業の進捗状況と予算の消費状況を関連付けて折れ線で示したものです。問題文はガントチャートの説明です。

キーワード④ EVM

○

EVM (Earned Value Management) では、プロジェクトのコストとスケジュールの進捗を、金銭的な価値に換算して評価します。

キーワード⑤ PMO

×

PMOは、プロジェクトに関連するガバナンス・プロセスを標準化し、資源、方法論、ツールおよび技法の共有を促進します。問題文はプロジェクト・マネジャーの役割を説明しています。

キーワード⑥ プロジェクトチームの育成

×

これは、プロジェクトチームの結成の目的です。プロジェクトチームの育成の目的は、継続的にプロジェクトチームのメンバのパフォーマンスおよび相互関係を改善することです。

問題 7 □□□

ファンクションポイント法で、調整前FPを求めるために必要となる情報としては、画面数がある。

★ **問題 8** □□□

システム開発における工数の見積りに関して、COCOMOの使用には、自社における生産性に関する蓄積されたデータが必要である。

問題 9 □□□

PMBOKガイド第5版によれば、定量的リスク分析では、特定したリスクの発生確率や影響度を評価して、リスクに優先順位を付ける。

★ **問題 10** □□□

PMBOKガイド第5版において、マイナスのリスクに対する戦略であるリスク転嫁は、リスクの影響が及ばないようにするための対応策を実行する。

問題 11 □□□

PMBOKによれば、脅威となるマイナスのリスクと、好機となるプラスのリスクの、どちらのリスクに対しても採用される戦略は、共有である。

問題 12 □□□

マイナスのリスクに対する戦略として用いられるリスク軽減は、リスクへの具体的な対応策は事前に設定せず、リスクが発生した時点で対処する。

問題 13 □□□

「（最終成果物に含まれる誤りの件数）÷（最終成果物の量）」は、ソフトウェアの保守性の評価指標になる。

キーワード⑦ ファンクションポイント法

○ ファンクションポイント法では、外部入出力や内部論理ファイルの数など、ソフトウェアの機能の数に着目して開発規模を見積もります。

キーワード⑧ COCOMO

○ COCOMO (COnstructive COst MOdel) は、過去の開発から得られたデータをもとにします。

キーワード⑨ 定量的リスク分析

× 定量的リスク分析では、特定したリスクがプロジェクト目標全体に与える影響を数量的に分析します。問題文は定性的リスク分析で実施することです。

キーワード⑩ リスク転嫁

× これはリスク回避です。リスク転嫁は、保険に加入するなどして、リスクの影響や責任の一部または全部を第三者に移します。

キーワード⑪ 受容

× どちらのリスクに対しても採用される戦略は、受容です。共有は、好機となるプラスのリスクだけに対して採用される戦略です。

キーワード⑫ リスク軽減

× これはリスク受容です。リスク軽減は、リスクの発生確率や影響度を許容可能なレベルに抑えるための対応策を実行します。

キーワード⑬ 保守性

× この式は誤りの件数を表しており、信頼性の評価指標となります。ソフトウェアの保守性の評価指標としては、修正一件あたりの所要時間などが適切です。

挑戦問題

問題 1 □□□

ISO 21500によれば、組織としての標準化、プロジェクトマネジメントの教育訓練、プロジェクトの監視などの役割を主として担うのは、プロジェクトマネージャである。

問題 2 □□□

PMBOKの統合変更管理プロセスにおいて、プロジェクトのプロダクト、サービス、所産、構成要素などに対する変更と実施状況を記録・報告したり、要求事項への適合性を検証する活動を支援したりする活動を、コンフィギュレーション・マネジメントという。

問題 3 □□□

PMBOKガイド第5版によれば、プロジェクトのコスト見積り技法の説明のうち、パラメトリック見積りは、WBSの下位レベルの構成要素単位の見積り結果を集計して、プロジェクトのコストを見積もる。

問題 4 □□□

あるソフトウェア開発部門では、開発工数E（人月）と開発規模L（キロ行）との関係を、$E = 5.2L^{0.98}$としている。L＝10としたときの生産性（キロ行／人月）は、およそ0.2である。

問題 5 □□□

連携する計画だった外部システムのリリースが延期になったので、この外部システムとの連携に関わる作業は別プロジェクトで実施することにした。これはプロジェクトマネジメントにおけるスコープコントロールの活動である。

キーワード① PMO

× 正しくは、プロジェクトマネジメント・オフィス(PMO)です。プロジェクトマネージャは、プロジェクトチームのリーダーで、プロジェクトチームの実行を管理する役割を持ちます。

キーワード② コンフィギュレーション・マネジメント

○ コンフィギュレーション・マネジメントは、構成管理とも呼ばれます。

キーワード③ パラメトリック見積り

× これは、ボトムアップ見積りのことです。パラメトリック(係数)見積りは、関連する過去のデータとその他の変数との統計的関係を用いて、プロジェクトにおける作業のコストを見積もります。

キーワード④ 生産性

○ Eの式にL＝10(キロ行)を代入すると、E＝5.2×$10^{0.98}$ですが、$10^{0.98}$を10^{1}とみなして概算すると、E＝5.2×10＝52(人月)です。すると、おおよその生産性(キロ行／人月)は、10÷52≒0.2と見積れます。

キーワード⑤ スコープコントロール

○ スコープは「範囲」という意味で、スコープコントロールは、作業の範囲をコントロールします。

第6章 難関突破

問題 1

アローダイアグラムで表される作業A～Hを見直したところ、作業Dだけが短縮可能であり、その所要日数は6日に短縮できることが分かった。作業全体の所要日数は何日短縮できるか。

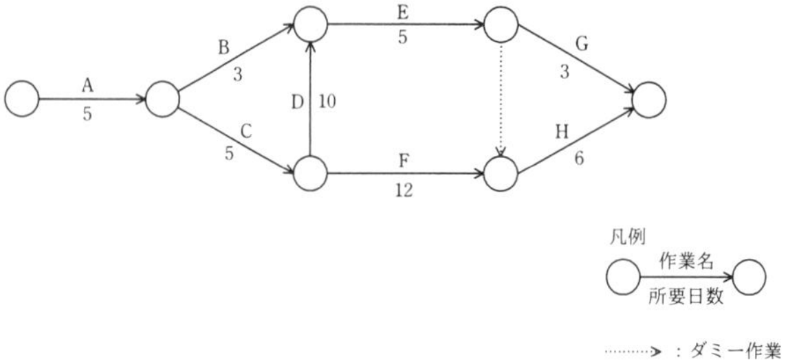

ア　1　　イ　2　　ウ　3　　エ　4

（令和元年秋期午前問52）

問題 2

WBS作成プロセスが含まれるマネジメントプロセスはどれか。

ア　プロジェクトコストマネジメント
イ　プロジェクトスコープマネジメント
ウ　プロジェクト品質マネジメント
エ　プロジェクトリスクマネジメント

（平成27年秋期午前問51）

解答❶ ウ

それぞれのルートで所要日数を求めてみます。

A→B→E→G　：5+3+5+3=16日
A→C→D→E→G　：5+5+10+5+3=28日
A→C→F→H　：5+5+12+6=28日
A→B→E→ダミー→H　：5+3+5+0+6=19日
A→C→D→E→ダミー→H　：5+5+10+5+0+6=31日

以上より、A→C→D→E→ダミー→Hのルートがクリティカルパスで、31日必要であることがわかります。このうち、Dが6日に短縮されたとすると、

A→C→D→E→ダミー→H　：5+5+6+5+0+6=27日
A→C→D→E→G　：5+5+6+5+3=24日

今度は、A→C→F→Hがクリティカルパスで、所要日数は28日です。すると、短縮できるのは、31−28=3日です。

解答❷ イ

WBSは、Work Breakdown Structureの略で「作業分解構成図」とも言われ、プロジェクトスコープ（作業内容を定義する）マネジメントにおいて、作業を細かく分解します。

問題 3

プログラムx、y、zの開発を2か月以内に完了したい。外部から調達可能な要員はA、B、Cの3名であり、開発生産性と単価が異なる。このプログラム群を開発する最小のコストは、何千円か。ここで、各プログラムの開発は、それぞれ1名が担当し、要員は開発生産性どおりの効率で開発できるものとする。また、それぞれの要員は、担当したプログラムの開発が完了する時点までの契約とする。

〔プログラムの規模〕

プログラム	規模（キロステップ）
x	4
y	2
z	2

〔要員の開発生産性と単価〕

要員	開発生産性（キロステップ／月）	単価（千円／月）
A	2	1,000
B	2	900
C	1	400

ア 3,200　　イ 3,400
ウ 3,600　　エ 3,700

（令和元年秋期午前問54）

解答③
ウ

まず、下の表の単価を開発生産性で除して、キロステップ当たりの単価を求めます。

A ＝1,000（千円／月）÷2（キロステップ／月）
　＝　500（千円／キロステップ）
B ＝　900（千円／月）÷2（キロステップ／月）
　＝　450（千円／キロステップ）
C ＝　400（千円／月）÷1（キロステップ／月）
　＝　400（千円／キロステップ）

すると、Cが最も安価なので、Cから担当させます。プログラムxの規模4（キロステップ）をCの開発生産性1（キロステップ／月）で割ると、4÷1＝4か月かかってしまいますので、Cには、yかzを担当させます。この場合2（キロステップ）÷1（キロステップ／月）＝2か月でできます。コストは、400（千円／月）×2か月＝800（千円）です。

次に、Bにプログラムxを担当させます。こちらは、4（キロステップ）÷2（キロステップ／月）＝2か月でできます。コストは、900（千円／月）×2か月＝1,800（千円）です。

最後に、最も単価の高いAに、yかzのどちらか残っている方を担当させます。こちらは、2（キロステップ）÷2（キロステップ／月）＝1か月でできます。コストは、1,000（千円／月）×1か月＝1,000（千円）です。

以上より、合計のコストは、800（千円）＋1,800（千円）＋1,000（千円）＝3,600（千円）です。

これだけは覚えておきたい重要単語

□ クラッシングは、プロジェクトのスケジュールを短縮する技法

□ EVMは、出来高

□ ファンクションポイント法は、開発工数を見積もる

□ 生産性は、1人月当たりの作業量（ステップ）

□ ガントチャートは、作業の日程を横棒（バー）で表して、進捗を管理する

□ トレンドチャートは、作業の進捗状況と予算の消費状況を関連付けた折れ線

□ クリティカルパスは、最も時間のかかる経路で、作業を終了するのに必要な最小作業日数

□ クリティカルパスを見つけるには、最早結合点時刻と最遅結合点時刻が同一の結合点を結ぶ

□ パラメトリック見積りは、関連する過去のデータとその他の変数との統計的関係を用いて、プロジェクトにおける作業のコストを見積もる

□ COCOMOは、過去の開発から得られたデータをもとにして見積もり

□ リスク転嫁は、保険に加入

□ リスク回避は、リスクの影響が及ばないようにするための対応策を実行

□ リスク受容は、リスクが発生した時点で対処

□ リスク軽減は、リスクの発生確率や影響度を許容可能なレベルに抑えるための対応策を実行

第7章

マネジメント系 サービスマネジメント

サービスマネジメントとは、サービスの質を向上させるための管理手法のことです。ITILの知識や、インシデントへの正しい対応手法などを把握しておきましょう。
また、監査と統制についても学んでおく必要があります。毎日の仕事はマネジメントしていても、他者によるチェック（監査）を行う必要があるのです。一方、監査を受ける方の立場としては、ミスがないように統制する必要があります。

POINT 1 サービスマネジメント

問題 1 □□□

ITIL 2011 editionによれば、サービス・パッケージはコアサービス、実現サービス及び強化サービスの組合せで構成され、特定の種類の顧客ニーズへのソリューションを提供する。

問題 2 □□□

ITサービスマネジメントにおいて、災害による重大なサービス停止に関する事業影響度分析は、サービス継続及び可用性管理のプロセスで実施する。

問題 3 □□□

ITサービスマネジメントにおける問題管理プロセスでは、インシデントの発生後に未知の根本原因を特定し、恒久的な解決策を策定する。

★**問題 4** □□□

JIS Q 20000-1で推奨されるPDCA方法論において、サービスマネジメントシステム（SMS）を確立し、文書化し、合意することは、SMSの実行（DO）に分類される。

問題 5 □□□

前問に続き、処置（Act）は、方針、目的、計画及びサービスの要求事項について、SMS及びサービスを監視、測定及びレビューし、それらの結果を報告する。

★**問題 6** □□□

ITサービスマネジメントの活動のうち、インシデント及びサービス要求管理のプロセスでは、サービスデスクに対する顧客満足度が合意したサービス目標を満たしているかどうかを評価・レビューする。

キーワード① サービス・パッケージ

○ ITIL (Information Technology Infrastructure Library) とは、ITサービスマネジメントにおける成功事例をまとめたフレームワークのことです。ITILでは、複数のサービスの集まりをサービス・パッケージといいます。

キーワード② 事業影響度分析

○ 事業影響度分析とは、不測の事態で業務が停止することにより発生しうる影響の度合いを分析・評価することです。BIA(ビジネスインパクト分析)とも呼ばれます。

キーワード③ 問題管理

○ インシデント管理では復旧が第一ですが、問題管理ではインシデントの再発防止のために、根本原因を特定して恒久的な解決策を策定します。

キーワード④ PDCA

× 実行 (Do) では、SMSを導入し、運用します。問題文は計画 (Plan) の説明です。JIS Q 20000-1 (サービスマネジメントシステム要求事項) は、SMSとサービスのあらゆる場面にPDCA方法論を適用することを推奨しています。

キーワード⑤ PDCA

× これは、点検 (Check) です。処置 (Act) は、SMSおよびサービスのパフォーマンスを継続的に改善するための処置を実施します。

キーワード⑥ インシデント及びサービス要求管理

× これはサービスレベル管理のことです。インシデント及びサービス要求管理では、障害 (インシデント) の報告に対して、迅速なシステム復旧とサービスへの影響を最小限に抑えることを目標にワークアラウンド (応急処置) を行います。

問題 7 □□□

ITサービスマネジメントにおける可用性管理は、あらかじめ定めた間隔で、サービス目標に照らしてサービスの傾向及びパフォーマンスを監視する。

★ **問題 8** □□□

JIS Q 20000-2(サービスマネジメントシステムの適用の手引)によれば、構成管理プロセスの活動としては、変更管理方針で定義された構成品目に対する変更要求の管理がある。

問題 9 □□□

ITサービスマネジメントにおけるサービスレベル管理プロセスの活動は、提供するITサービス及びサービス目標を特定し、サービス提供者が顧客との間で合意文書を交わす。

★ **問題 10** □□□

ITILの可用性管理プロセスにおいて、サービスの中断回数及びそのインパクトの削減率は、ITサービスの可用性と信頼性の管理に関わるKPIとして用いられる。

問題 11 □□□

ITILに示されるサービスデスク組織のうち、“フォロー・ザ・サン”は、サービス要員が複数の地域や部門に分散していても、通信技術を利用することによって、単一のサービスデスクがあるようにサービスを提供することができる。

キーワード⑦ 可用性管理

× これは、サービスレベル管理です。可用性管理では、可用性の目標や平常業務の状態に復帰するための取組みなどを含めた計画を作成し、導入・維持します。

キーワード⑧ 構成管理

× 構成管理プロセスでは、サービスの提供に必要な構成品目(CI)を構成管理データベース(CMDB)で管理します。問題文は変更管理の説明です。

キーワード⑨ サービスレベル管理

○ 合意文書というのは、SLA (Service Level Agreement)のことです。

キーワード⑩ 可用性管理

○ 可用性管理プロセスの目標は、稼働中のITサービスを監視し、SLAに定めたそのサービスの可用性を維持することです。ですので、サービスの可用性が維持されているかどうかを定量的に評価できる「サービスの中断回数及びそのインパクトの削減率」は、KPIとして適切です。

キーワード⑪ フォロー・ザ・サン

× フォロー・ザ・サンは「太陽の後を追う」という意味で、時差がある分散拠点にサービスデスクを配置することで、24時間対応でユーザにサービスを提供するサービス形態です。問題文はバーチャルデスクの説明です。

7 マネジメント系 サービスマネジメント

問題 12 □□□

システム監査における監査手続とは、監査結果を受けて、監査報告書に監査人の結論や指摘事項を記述する手順である。

問題 13 □□□

システム監査基準に基づいて監査報告書に記載された指摘事項に対応する際、システム監査人が監査対象部門の改善計画を作成するのは不適切である。

★ **問題 14** □□□

システム監査において、ネットワークへのアクセスコントロールが有効に機能しているかをチェックする手法として、ペネトレーションテストが適合する。

問題 15 □□□

情報システムの可監査性は、コントロール（統制）の有効性を監査できるように、情報システムが設計・運用されていることである。

★ **問題 16** □□□

バックアップ処理にはフルバックアップ方式と差分バックアップ方式がある。差分バックアップ方式では、フルバックアップのデータで復元した後に、差分バックアップのデータを反映させて復旧する。

問題 17 □□□

システム監査基準において、監査手続の実施に際して利用する技法のうち、インタビュー法とは、システム監査人が直接関係者に口頭で問い合わせ、回答を入手する技法をいう。

キーワード⑫ 監査手続

× これは、監査報告書を作成する手順です。監査手続は、監査項目について、十分かつ適切な証拠を入手するための手順です。

キーワード⑬ 改善計画

○ 改善計画の作成は監査される側が行います。システム監査人が作成することはありません。

キーワード⑭ ペネトレーションテスト

○ ペネトレーションテストは侵入テストとも呼ばれ、ネットワーク上のシステムに対して、実際に侵入を試みることによってシステムの脆弱性を調べます。

キーワード⑮ 可監査性

○ 可監査性とは、監査が可能な形でシステムが構築されていることです。

キーワード⑯ 差分バックアップ

○ 差分バックアップ方式では、直前のバックアップから変更されたファイルのみをバックアップします。そのため、フルバックアップ方式に比べバックアップに要する時間は短いですが、復旧時間は長くなります。

キーワード⑰ インタビュー法

○ 監査技法としては、インタビュー法のほかにもチェックリスト法、現地調査法などがあり、監査手続に応じて選択されます。

問題 18 □□□

企業において整備したシステム監査規程の最終的な承認者として、最も適切な者は、監査対象システムの利用部門の長である。

問題 19 □□□

在庫管理システムを対象とするシステム監査において、当該システムに記録された在庫データの網羅性のチェックポイントとしては、入庫及び出庫記録に対して、自動的に連番を付与していることがある。

★ 問題 20 □□□

マスタファイル管理に関するシステム監査項目について、マスタファイルのデータを複数件まとめて検索・加工するための機能がシステムに盛り込まれていることは、可用性に該当する。

問題 21 □□□

前問に続き、マスタファイルのメンテナンスが、特権アカウントを付与された者だけに許されていることは、完全性に該当する。

問題 22 □□□

システム監査の改善指導（フォローアップ）において、被監査部門による改善が計画よりも遅れていることが判明したとき、システム監査人が採るべき行動は、遅れを取り戻すために、具体的な対策の実施を、被監査部門の責任者に指示する。

問題 23 □□□

システム監査人が監査報告書に記載する改善勧告は、監査人が改善の必要があると判断した事項を記載する。

キーワード⑱ 監査規程の最終的な承認者

×

監査規程の最終的な承認者として最も適切な者は、企業では、経営者です。

キーワード⑲ 網羅性

○

網羅性とは、すべてが網羅されていること、つまり漏れがないことですから、連番を付与していることは重要です。

キーワード⑳ 可用性

×

これは、効率性の問題です。可用性に該当するものとしては、マスタファイルが置かれているサーバを二重化し、耐障害性の向上を図っていることなどがあります。

キーワード㉑ 完全性

×

これは、機密性に該当します。完全性に該当するものとしては、マスタファイルへのデータ入力チェック機能が、システムに盛り込まれていることなどがあります。

キーワード㉒ 改善指導

×

システム監査人が具体的な施策の指示をすることはありません。システム監査人は、遅れを取り戻すための方策について、被監査部門の責任者に助言します。

キーワード㉓ 改善勧告

○

ただし、調査結果に事実誤認がないことを被監査部門に確認します。

問題 24 □□□

システム監査人によるシステム監査によって、法令による会計監査を代替できる。

問題 25 □□□

システム監査人は、システム管理者に対して監査の実施に協力するよう要請できる。

★**問題 26** □□□

システム監査報告書の改善勧告への取組みへの監査人のフォローアップとして、改善勧告に対する被監査部門の改善実施プロジェクトの管理を行う。

問題 27 □□□

システム監査人は、予備調査では、被監査部門の担当者に対して監査手続書に従ってヒアリングを行い、監査対象の実態を詳細に調査する。

問題 28 □□□

請負契約においては、委託側の事務所で作業を行っている受託側要員のシステムへのアクセス管理が妥当かどうかを、委託側が監査できるように定める。

問題 29 □□□

業務部門が起票した入力原票を情報システム部門でデータ入力する際、情報システム部門の業務として処理結果リストを業務部門に送付する必要がある。

キーワード24 システム監査

× システム監査と会計監査は別物であって、代替できません。

キーワード25 システム監査人

○ システム監査人は、このような要請ができます。

キーワード26 改善勧告

× 改善実施プロジェクトの管理を行うのは、被監査部門です。監査人は、改善勧告に対する被監査部門の改善実施状況を確認します。

キーワード27 予備調査

× 詳細に調査するのは、本調査です。予備調査では、監査対象に対する被監査部門の管理者および担当者のリスクの認識について、アンケート調査によって情報を収集します。

キーワード28 外部委託管理

○ 委託側が監査できるようにしておくべきです。

キーワード29 内部統制

○ 完全性を担保するため、業務部門が入力原票ごとの処理結果を確認できるように、処理結果リストを送付する必要があります。

問題 30 □□□

識別コード及びパスワードによるアクセスコントロール機能を情報システムに組み込むことによって、コントロールが可能なリスクは、通信上のデータの盗聴である。

問題 31 □□□

金融庁の“財務報告に係る内部統制の評価及び監査に関する実施基準”における“ITへの対応”に関して、ITの統制は、ITに係る全般統制及びITに係る業務処理統制から成る。

★**問題 32** □□□

システム監査におけるサンプリングと試査に関する用語のうち、許容逸脱率とは、受け入れることができる所定の内部統制からの逸脱率である。

問題 33 □□□

事務所の物理的セキュリティ対策について、JIS Q 27002(情報セキュリティ管理策の実践のための規範)に基づいて情報セキュリティ監査を実施した。このとき、機密性の高い情報資産が置かれている部屋に入室許可を得た者が共通の暗証番号を入力して入室していることは、監査人が監査報告書に記載するべき指摘事項ではない。

問題 34 □□□

クラウドサービスの導入検討プロセスにおいて、クラウドサービス上に保存された情報の消失を予防するためには、そのサービスの事業者が施設内ネットワークの通信を暗号化しているかをチェックする必要がある。

キーワード㉚ アクセスコントロール機能

×

通信上のデータの盗聴を防ぐには、暗号化が必要です。アクセスコントロール機能では、ファイル、データ内容の改ざんが、コントロールが可能なリスクです。

キーワード㉛ ITの統制

○

ITの統制には、ITに係る全般統制およびITに係る業務処理統制の2つがあります。

キーワード㉜ 許容逸脱率

○

許容逸脱率は、監査人がサンプルの件数を決めるときに用いられる指標です。

キーワード㉝ 指摘事項

×

これは、指摘事項として記載するべきです。共通の暗証番号では、誰が入室したかわからないからです。

キーワード㉞ クラウドサービスの導入

×

クラウドサービスを利用する場合、クラウドサービスを提供する事業者に信頼が置け、かつ事業やサービスが継続して提供されるかどうかに注意する必要があります。暗号化通信は機密性に関するチェックポイントになります。

挑戦問題

問題 1 □□□

販売管理システムにおいて、起票された受注伝票の入力が、漏れなく、かつ、重複することなく実施されていることを確かめる監査手続としては、販売管理システムから出力したプルーフリストと受注伝票との照合が行われているか、プルーフリストと受注伝票上の照合印を確かめる。

問題 2 □□□

ITILに示されるサービスデスク組織のうち、中央サービスデスクは、サービスデスクを利用者の近くに配置することによって、言語や文化の異なる利用者への対応、専門要員によるVIP対応などができる。

問題 3 □□□

システム利用者に対して付与されるアクセス権の管理状況の監査について、退職・異動したシステム利用者に付与されていたアクセス権の削除・変更が、定期人事異動がある年度初めにすべてまとめて行われていたことは、監査人がシステム監査報告書で報告すべき指摘事項である。

問題 4 □□□

開発プロジェクトにおいて、開発検討フェーズ、プログラムテストフェーズ、移行判定フェーズを対象とし、それぞれのフェーズ終了時に監査を実施する場合、移行判定フェーズで実施することが適切な監査手続は、開発目的や開発体制があらかじめ検討された上で開発が実施されたことを確認するために、開発計画書を閲覧することである。

キーワード❶ プルーフリスト

○ プルーフリストは、入力データを処理したり加工したりせずにそのまま出力したもので、プルーフは「確かな証拠」という意味です。

キーワード❷ 中央サービスデスク

× 利用者の近くにサービスデスクを設置するのはローカルサービスデスクです。中央サービスデスクは、サービスデスクを1拠点または少数の場所に集中することです。これによって、サービス要員を効率的に配置したり、大量のコールに対応したりすることができます。

キーワード❸ アクセス権の削除・変更

○ アクセス権の削除・変更は、「年度初めにすべてまとめて」ではなく、「その都度」行うべきです。

キーワード❹ 移行判定フェーズ

× これは、開発検討フェーズで実施することが適切な監査手続です。移行判定フェーズでは、システムの品質が本番稼働にとって問題がないことの判断資料が作成されていることを確認するために、品質報告書を閲覧します。

第7章 難関突破

問題 1 ITIL 2011 editionによれば、7ステップの改善プロセスにおけるa、b及びcの適切な組合せはどれか。

〔7ステップの改善プロセス〕

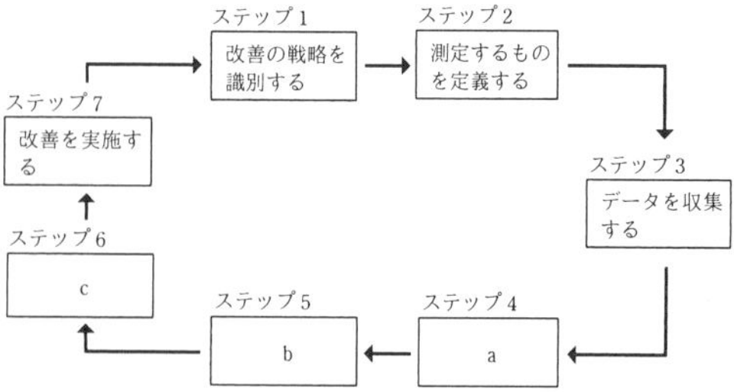

	a	b	c
ア	情報とデータを分析する	情報を提示して利用する	データを処理する
イ	情報とデータを分析する	データを処理する	情報を提示して利用する
ウ	データを処理する	情報とデータを分析する	情報を提示して利用する
エ	データを処理する	情報を提示して利用する	情報とデータを分析する

（令和元年秋期午前問52）

解答① ウ

選択肢を見てみると、「分析」「利用」「処理」の３つしかありません。

このうち、「利用」は、最後に来るべきでしょう。すると、選択肢はイかウに絞られます。

残るのは「分析」と「処理」ですが、「分析」は「処理」の後に来るべきです。これで、ウが正解であることがわかります。

問題 2 次の処理条件で磁気ディスクに保存されているファイルを磁気テープにバックアップするとき、バックアップの運用に必要な磁気テープは最少で何本か。

〔処理条件〕

(1) 毎月初日(1日)にフルバックアップを取る。フルバックアップは1本の磁気テープに1回分を記録する。

(2) フルバックアップを取った翌日から次のフルバックアップを取るまでは、毎日、差分バックアップを取る。差分バックアップは、差分バックアップ用としてフルバックアップとは別の磁気テープに追記録し、1本に1か月分を記録する。

(3) 常に6か月前の同一日までのデータについて、指定日の状態にファイルを復元できるようにする。ただし、6か月前の月に同一日が存在しない場合は、当該月の末日までのデータについて、指定日の状態にファイルを復元できるようにする(例：本日が10月31日の場合は、4月30日までのデータについて、指定日の状態にファイルを復元できるようにする)。

ア 12　　イ 13　　ウ 14　　エ 15

(平成31年秋期午前問56)

7 マネジメント系 サービスマネジメント

解答❷
ウ

(1) より、「毎月初日 (1日) にフルバックアップを取る」のであり、「1本の磁気テープに1回分」ですから、フルバックアップ用に毎月1本必要です。

(2) より、「差分バックアップは、……、1本に1か月分を記録する」ので、差分バックアップ用に毎月1本必要です。ここまでで、2本必要です。

(3) より「本日が10月31日の場合は、4月30日までのデータについて、指定日の状態にファイルを復元できるようにする」のですが、4月から10月までは、7か月ありますから、毎月2本の7か月分で、2×7＝14本必要です。

これだけは覚えておきたい重要単語

□ PDCAは、計画（Plan）、実行（Do）、評価（Check）、改善（Act）

□ インシデント管理は復旧優先。既知の対応策で試す

□ 問題管理は、問題の根本原因を特定し、再発を防止

□ 構成管理は、効果的な情報を提供

□ 変更管理は、変更の評価を行い、認可または却下

□ リリース管理は、正しい場所に、適切な時期にリリース

□ フォローザサンは、24時間対応のサービス

□ バーチャルデスクは、要員が分散していても、単一のサービスデスクがあるように提供

□ システム監査人は、経営者の直轄で被監査部門から独立し、報告する義務

□ バックアップは、フルバックアップと差分バックアップと増分バックアップ

□ 許容逸脱率は、受け入れることができる所定の内部統制からの逸脱率

□ 網羅性は、漏れがないこと

□ 監査人は、改善勧告に対する被監査部門の改善実施状況を確認

第 8 章

ストラテジ系
システム・経営戦略

システム戦略とは情報システム戦略のことで、ビジネスにおいて情報を有効に活用するための戦略です。主に、競合他社との競合を生き抜くための情報戦略と、情報戦略を実現するための情報システム化計画に関する知識が問われます。
また、企業組織の成長のために必要な方針・計画である経営戦略や、ビジネスインダストリについても学びます。

POINT

1 システム戦略とシステム企画

★ 問題 1 □□□

TCOの算定にあたっては、利用部門におけるシステム利用に起因する、埋没原価などの見えない費用も考慮する。

問題 2 □□□

エンタープライズアーキテクチャ(EA)において、業務と情報システムの理想を表すモデルを「To-Beモデル」という。

問題 3 □□□

システム管理基準(平成16年)によれば、組織全体の情報システムのあるべき姿を明確にする計画を、事業継続計画という。

★ 問題 4 □□□

情報戦略の投資効果を評価するとき、利益額を分子に、投資額を分母にして算出するものは、ROIである。

問題 5 □□□

事業目標達成のためのプログラムマネジメントの考え方は、リスクを最小化するように支援する専門組織を設けることによって、組織全体のプロジェクトマネジメントの能力と品質の向上を図ることである。

問題 6 □□□

システム管理基準(平成16年)によれば、情報戦略策定段階の成果物は、関連する他の情報システムと役割を分担し、組織体として最大の効果を上げる機能を実現するために、全体最適化計画との整合性を考慮して策定する開発計画である。

キーワード❶ TCO

○ TCOは、Total Cost of Ownershipの略で「総保有コスト」と訳されます。情報システムの取得と維持のためのすべてのコストのことを指します。

キーワード❷ To-Beモデル

○ To-Beモデルの「To-Be」は、「(こう)あるべき」という意味です。反対に、業務と情報システムの現状を表すモデルは「As-Isモデル」といいます。

キーワード❸ 事業継続計画

× 正しくは、全体最適化計画です。事業継続計画は、災害時でも事業を継続できるようにする計画です。

キーワード❹ ROI

○ ROIはReturn On Investmentの略で、投資利益率ともいいます。投資額に対する利益額の割合を示しており、Returnが利益額、Investmentが投資額を指しています。

キーワード❺ プログラムマネジメント

× プログラムマネジメントでは、活動全体を複数のプロジェクトの結合体と捉え、その連携、統合、相互作用を通じて価値を高め、組織全体の戦略の実現を図ります。問題文はプロジェクトマネジメントオフィスの考え方です。

キーワード❻ 情報戦略

× これは、企画業務の成果物です。情報戦略の策定段階における成果物は、経営戦略に基づいて組織体全体で整合性および一貫性を確保した情報化を推進するために、方針および目標に基づいて策定する全体最適化計画です。

問題 7 □□□

業績の評価や経営戦略の策定を行うために、業務システムなどに蓄積された膨大なデータを分析することは、BIの活用事例である。

問題 8 □□□

共通フレーム2013によれば、要件定義プロセスでは、システム化計画の立案を行う。

問題 9 □□□

新しい業務に必要なアプリケーションシステムに関わる利用者の作業、システム機能の実現範囲、機能間の情報の流れなどの項目は、非機能要件である。

問題 10 □□□

業務要件定義において、業務フローを記述する際に、処理の分岐や並行処理、処理の同期などを表現できる図は、状態遷移図である。

★ **問題 11** □□□

オープンデータとは、営利・非営利の目的を問わず二次利用が可能という利用ルールが定められており、編集や加工をする上で機械判読に適し、原則無償で利用できる形で公開された官民データである。

問題 12 □□□

要件定義において、利用者や外部システムと、業務の機能を分離して表現することによって、利用者を含めた業務全体の範囲を明らかにするために使用される図を、アクティビティ図という。

キーワード⑦ BI

○ BIはBusiness Intelligenceの略で、膨大なデータを分析し、経営の意思決定に役立てます。

キーワード⑧ 要件定義プロセス

× システム化計画の立案は、企画プロセスで行います。要件定義プロセスでは、利害関係者を識別し、要件を識別します。

キーワード⑨ 非機能要件

× これらは、機能要件です。非機能要件には、システム基盤に関わる可用性、性能、拡張性、運用性、保守性、移行性、セキュリティ、システム環境などの項目があります。

キーワード⑩ 状態遷移図

× 状態遷移図は、状態を長方形や円で表し、矢印によって遷移が起きる方向を表します。問題文はアクティビティ図のことです。

キーワード⑪ オープンデータ

○ オープンデータは、官民協働の推進を通じた課題解決や経済活性化などを目的に無償で公開されている官民データです。

キーワード⑫ アクティビティ図

× 正しくは、ユースケース図です。アクティビティ図は、フローチャートに似たUML（Unified Modeling Language）の図で、システムやユースケースの処理の流れを表現するのに用いられます。

★ 問題 13 □□□

BABOKは、ビジネスアナリシスの計画とモニタリング、引き出し、要求アナリシス、基礎コンピテンシなど七つの知識エリアから成る知識体系である。

★ 問題 14 □□□

半導体メーカが行っているファウンドリサービスとは、他社からの製造委託を受けて、半導体製品の製造を行うことである。

問題 15 □□□

半導体ファブレス企業は、製品の企画、設計及び開発は行うが、半導体製造の工場は所有しない。

問題 16 □□□

サブスクリプション方式のソフトウェア調達は、ベンダが提供するソフトウェアを、利用料金を支払うことによって一定期間の利用権を得て利用する。

問題 17 □□□

EMSは、生産設備をもつ企業であり、他社からの委託を受けて電子機器を製造する。

問題 18 □□□

情報システムの調達の際に作成されるRFIは、調達者から供給者候補に対して、対象システムや調達条件などを示し、提案書の提出を依頼するものである。

キーワード⑬ BABOK

○ BABOKは、Business Analysis Body Of Knowledgeの略で、ビジネスアナリシス知識体系ガイドのことです。知識体系ガイドは、ほかにもPMBOK、SQuBOKなどがあります。

キーワード⑭ ファウンドリサービス

○ ファウンドリとは、半導体を製造する工場のことです。自社で半導体を設計せず、受託製造を専門とする半導体企業そのものを指すこともあります。

キーワード⑮ 半導体ファブレス企業

○ 半導体ファブレス企業は、外注生産した製品を、自社ブランドで販売します。

キーワード⑯ サブスクリプション

○ サブスクリプションには「定期購読」という意味があります。

キーワード⑰ EMS

○ EMSは、Electronics Manufacturing Servicesの略で、電子機器を専門に受託製造する企業です。

キーワード⑱ RFI

× 提案書の提出を依頼するのは、RFP（Request For Proposal＝提案依頼書）です。RFI(Request For Information＝情報提供依頼書)は、調達者から供給者候補に対して、システム化の目的や業務内容などを示し、必要な情報の提供を依頼するものです。

★ 問題 19 □□□

SLAは、企業改革において既存の組織やビジネスルールを抜本的に見直し、業務フロー、管理機構、情報システムを再構築する手法のことである。

問題 20 □□□

情報システム・モデル取引・契約書によれば、情報システムの開発において多段階契約の考え方を採用する目的は、開発の過程で以後の工程の見積前提条件に変更が生じた場合に、各工程の開始のタイミングで再度見積りを可能とするためである。

問題 21 □□□

情報システム・モデル取引・契約書によれば、要件定義工程を実施する際、構築するシステムの機能が明確になっていないことを理由に、ユーザ企業がベンダと準委任契約にするのは適切である。

問題 22 □□□

企業の業務システムを、自社のコンピュータでの運用からクラウドサービスの利用に切り替えるときの留意点としては、クラウドサービスの利用開始に備え、自社で保有しているサーバの機能強化や記憶域の増加を実施する。

問題 23 □□□

業務プロセスを可視化する手法としてUMLを採用した場合、データの流れによってプロセスを表現するために、データ送出、データ受取り、データ格納域、データに施す処理を、データの流れを示す矢印でつないで表現する。

キーワード⑲ SLA

×

問題文はBPR（Business Process Re-engineering）の説明です。SLA（サービスレベル合意書）は、顧客とサービス提供者の間で、要求されるサービスの品質について明文化し、合意したことを示す文書のことです。

キーワード⑳ 多段階契約

○

多段階契約とは、工程ごとに個別契約を締結することです。

キーワード㉑ 準委任契約

○

要件定義工程のように、システムがどのような機能となるか明確になっていない場合は、ベンダに仕事の完成義務がなく、瑕疵担保責任も生じない準委任契約にするべきです。

キーワード㉒ クラウドサービス

×

クラウドサービスではネット上のサーバを使いますので、自社で保有しているサーバはあまり使わなくなります。それよりも、企業の情報セキュリティポリシやセキュリティ関連の社内規則と、クラウドサービスで提供される管理レベルとの不一致の存在を確認しておきます。

キーワード㉓ UML

×

これは、DFD（機能情報関連図）を採用した場合の手法です。UML（Unified Modeling Language）はオブジェクトモデルを表現するための標準化されたモデリング言語です。

問題 24 □□□

情報化投資計画は、財務状態の予測と整合性を確保すべきである。

問題 25 □□□

IT投資評価を、個別プロジェクトの計画、実施、完了に応じて、事前評価、中間評価、事後評価として実施するとき、事前評価は、投資効果の実現時期と評価に必要なデータ収集方法を事前に計画し、その時期に合わせて評価を行う。

★ **問題 26** □□□

フィンテックのサービスの一つであるアカウントアグリゲーションとは、ネットショップで商品を購入した者に与信チェックを行い、問題がないことを確認して商品代金の立替払いをすることである。

問題 27 □□□

A社は、ソリューションプロバイダから、顧客に対するワントゥワンマーケティングを実現する統合的なソリューションの提案を受けた。この提案が該当するソリューションとして、適切なのは、CRMソリューションである。

問題 28 □□□

共通フレーム2013によれば、システム化構想の立案で作成されるものは、業務手順やコンピュータ入出力情報などの要件である。

キーワード㉔ 情報化投資計画

○ 情報システム全体の最適化目標は経営戦略に基づいて設定される必要があり、その整合性を検証する必要があります。

キーワード㉕ 事前評価

× 評価を「その時期に合わせて」行うので、これは事後評価になります。事前評価は、投資目的に基づいた効果目標を設定し、実施前に可否判断に必要な情報を上位マネジメントに提供します。

キーワード㉖ アカウントアグリゲーション

× これは、エスクローサービスのことです。アカウントアグリゲーションは、各金融機関で使用するID・パスワードなどの情報をあらかじめ登録することで、複数の金融機関の取引情報を一元管理できるようにするサービスです。

キーワード㉗ CRM

○ CRMは、Customer Relationship Managementの略で、顧客関係管理といいます。

キーワード㉘ システム化構想の立案

× 業務手順やコンピュータ入出力情報などの要件は、要件定義プロセスで作成されます。システム化構想の立案で作成されるものは、企業で将来的に必要となる最上位の業務機能と業務組織を表した業務の全体像です。

挑戦問題

問題 1 □□□

IT投資ポートフォリオにおいて、情報化投資の対象を、戦略、情報、トランザクション、インフラの四つのカテゴリに分類した場合、トランザクションカテゴリに対する投資の直接の目的は、管理品質向上のために、マネジメント、レポーティング、分析などを支援することである。

問題 2 □□□

組込みシステム開発において、製品に搭載するLSIを新規に開発したい。LSI設計を自社で行い、LSI製造を外部に委託する場合の委託先として、適切なものは、ファブレスメーカである。

問題 3 □□□

個々の自動車から得た位置情報とブレーキ作動情報をクラウドサービスを用いて蓄積し、急ブレーキが頻繁に踏まれる危険地点を分析し、その結果を運転者などに配信することによって、事故を未然に防止したとすれば、データから新たな知見を抽出し、付加価値として提供している。

問題 4 □□□

SOAは、会計、人事、製造、購買、在庫管理、販売などの企業の業務プロセスを一元管理することによって、業務の効率化や経営資源の全体最適を図る手法である。

キーワード① IT投資ポートフォリオ

✕ トランザクションカテゴリに対する投資の直接の目的は、ルーチン化された業務のコスト削減や処理効率向上を図ることです。問題文は戦略カテゴリに対する投資の目的です。

キーワード② ファウンドリ

✕ 正しくは、ファウンドリです。ファブレスメーカには生産設備がなく、外注生産します。

キーワード③ クラウドサービス

○ データを蓄積し、危険地点を分析して、事故防止に役立っていますので、データから新たな知見を抽出し、付加価値として提供しています。

キーワード④ SOA

✕ これは、ERP（企業資源計画）です。SOA（Software Oriented Architecture＝サービス指向アーキテクチャ）は、各業務の機能を利用者側から見て独立した部品（＝サービス）に分割し、その組み合わせからシステムを構築する手法です。サービスと業務プロセスとの対応付けや他のソフトウェアとの連携を容易に行えるようになります。

POINT 2 経営戦略

問題 1

競合他社よりも効率性が高い生産システムは、コアコンピタンスに該当する。

□□□

問題 2

営業部門で設定するKPIとしては新規顧客売上高、KGIは新規顧客訪問件数とするのが適切である。

□□□

★問題 3

プロダクトポートフォリオマネジメント(PPM)における花形は、市場成長率は低いが、市場占有率は高い製品である。資金創出効果が大きく、企業の支柱となる資金源である。

□□□

問題 4

企業の競争戦略におけるチャレンジャ戦略は、潜在的な需要がありながら、大手企業が参入してこないような専門特化した市場に、限られた経営資源を集中する。

□□□

問題 5

バリューチェーンでは、競争要因を、新規参入の脅威、サプライヤの交渉力、買い手の交渉力、代替商品の脅威、競合企業という五つのカテゴリに分類する。

□□□

キーワード① コアコンピタンス

○ コアコンピタンスは、競合他社よりも効率性が高い生産システムのように、他社よりも優位に立てる能力をいいます。

キーワード② KPIとKGI

× KPI (Key Performance Indicator＝重要業績評価指標) は目標を達成するための取り組みを評価する指標で、KGI (Key Goal Indicator＝重要目標達成指標) は最終的に何をもって目標達成とするかを具体的な数字で示した指標になります。なので、問題文のKPIとKGIは逆です。

キーワード③ PPM

× これは、金のなる木です。花形は、市場成長率、市場占有率ともに高い製品です。成長に伴う投資も必要とするので、資金創出効果は大きいとは限りません。

キーワード④ チャレンジャ戦略

× これは、ニッチ戦略です。チャレンジャ戦略は、上位企業の市場シェアを奪うことを目標に、製品、サービス、販売促進、流通チャネルなどのあらゆる面での差別化戦略をとります。

キーワード⑤ バリューチェーン

× これは、ファイブフォース分析のことです。バリューチェーンは、業務を「購買物流、製造、出荷物流、販売・マーケティング、サービス」という五つの主活動と、それらを支える「人事管理・技術開発・全般管理・調達活動」の四つの支援活動に分類して、競合要因を分析する手法です。

★ 問題 6 □□□

知識創造プロセス（SECIモデル）における表出化は、暗黙知から新たに形式知を得ることである。

問題 7 □□□

SFAは、消費者向けや企業間の商取引を、インターネットなどの電子的なネットワークを活用して行う手法・概念である。

問題 8 □□□

IoT活用におけるディジタルツインは、システムを正副の二重に用意し、災害や故障時にシステムの稼働の継続を保証することである。

★ 問題 9 □□□

TLOの役割は、大学の研究成果の特許化及び企業への技術移転の促進である。

問題 10 □□□

CRMは、企業内のすべての顧客チャネルで情報を共有し、サービスのレベルを引き上げて顧客満足度を高め、顧客ロイヤルティの最大化に結び付ける考え方である。

★ 問題 11 □□□

RPAは、ホワイトカラーの単純な間接作業を、ルールエンジンや認知技術などを活用して代行するソフトウェアである。

キーワード⑥ SECIモデル

○ SECIモデルには表出化、連結化、内面化、共同化の4つのプロセスがあります。

キーワード⑦ SFA

× これは、電子商取引のことです。SFA(Sales Force Automation=営業支援システム)は、営業活動にITを活用することで営業の効率と品質を高める手法です。

キーワード⑧ ディジタルツイン

× これは、デュプレックスシステムのことです。ディジタルツインとは、センサで収集したデータを用いてディジタル空間に現実世界と同等の世界を構築することです。

キーワード⑨ TLO

○ TLOは、Technology Licensing Organizationの略で、技術移転機関のことです。

キーワード⑩ CRM

○ CRMは、Customer Relationship Managementの略で、顧客関係管理といいます。顧客に寄り添ったサービスを提供し、長期的な視点で企業の利益を高めるこの手法は、ワントゥワンマーケティングの代表的な例です。

キーワード⑪ RPA

○ RPAはRobotic Process Automationの略で、これまでホワイトカラーが行ってきた事務的なルーティン業務を、コンピュータ上で動作するソフトウェア(ロボット)によって自動化します。

問題 12 □□□

SCMは、企業全体の経営資源を有効かつ総合的に計画して管理し、経営の高効率化を図るための手法である。

問題 13 □□□

売手側でのマーケティング要素4Pとは、Product（製品）、Price（価格）、Place（流通）、Promotion（販売促進）である。

問題 14 □□□

ターゲットリターン価格設定では、顧客層、時間帯、場所など市場セグメントごとに異なった価格を決定する。

★**問題 15** □□□

インターネット広告の効果指標として用いられるコンバージョン率とは、Webサイト上で広告が表示された回数に対して、その広告がクリックされた回数の割合を示す指標である。

問題 16 □□□

アンゾフが提唱する成長マトリクスは、自社の強みと弱み、市場における機会と脅威を、分類ごとに列挙して、事業戦略における企業の環境分析を行う。

問題 17 □□□

社内の製造部と企画部で共同プロジェクトを設置し、新規製品を開発するのは、オープンイノベーションに関する事例である。

キーワード⑫ SCM

× これは、ERP（企業資源計画）です。SCM（Supply Chain Management＝供給連鎖管理）は、生産、在庫、購買、販売、物流などのすべての情報をリアルタイムに交換することによって、サプライチェーン全体の効率を大幅に向上させる経営手法です。

キーワード⑬ 4Pと4C

○ 一方、買手側での要素4Cは、Customer Value（顧客価値）、Customer Cost（顧客コスト）、Convenience（利便性）、Communication（コミュニケーション）です。

キーワード⑭ ターゲットリターン価格設定

× これは、差別価格のことです。ターゲットリターン価格設定は、目標とする投資収益率を実現するように価格を決定します。

キーワード⑮ コンバージョン率

× これは、クリック率のことです。コンバージョン率は、Webサイト上の広告をクリックして訪れた人のうち会員登録や商品購入などに至った顧客数の割合を示す指標です。

キーワード⑯ アンゾフの成長マトリクス

× これは、SWOT分析です。アンゾフの成長マトリクスは、製品と市場の視点から、事業拡大の方向性を市場浸透・製品開発・市場開拓・多角化に分けて戦略を検討します。

キーワード⑰ オープンイノベーション

× オープンイノベーションは、さまざまな機関の知識を組み合わせて革新的な新製品などを開発することです。問題文はプロダクトイノベーションに関する事例になります。たとえば、社外からアイディアを募集し、新サービスの開発に活用するのであれば、オープンイノベーションに関する事例です。

問題 18 □□□

インターネットショッピングにおいて、全体の売上に対してあまり売れない商品の売上が無視できない割合になっていることを、ロングテールという。

問題 19 □□□

EDIとは、ネットワークを介して、商取引のためのデータをコンピュータ（端末を含む）間で標準的な規約に基づいて交換することである。

問題 20 □□□

ドローン、マルチコプタなどの無人航空機に搭載されるセンサのうち、機体を常に水平に保つ姿勢制御のために使われるセンサは、ジャイロセンサである。

★ **問題 21** □□□

IoTの技術として注目されているエッジコンピューティングは、ネットワークを介して複数のコンピュータを結ぶことによって、全体として処理能力が高いコンピュータシステムを作る。

問題 22 □□□

PDMの目的は、製品の生産計画に基づいてその生産に必要な資材の所要量を展開し、これを基準にして資材の需要とその発注時期を算出することである。

キーワード⑱ ロングテール

○ ロングテール（Long Tail）とは「長い尾」のことで、縦軸に売上、横軸に商品の種類を取ったグラフが恐竜の長い尾に見えることから来ています。

キーワード⑲ EDI

○ EDIは、Electronic Data Interchangeの略で、電子データ交換といいます。

キーワード⑳ ジャイロセンサ

○ 物体が自転することで姿勢が乱されにくくなることをジャイロ効果といいます。

キーワード㉑ エッジコンピューティング

× これは、グリッドコンピューティングのことです。エッジコンピューティングは、演算処理のリソースを端末の近傍に置くことによって、アプリケーション処理の低遅延化や通信トラフィックの最適化を行います。

キーワード㉒ PDM

× PDM（Product Data Management）の目的は、図面・部品構成データ、仕様書データなどの設計および開発の段階で発生する情報を一元管理することによって、設計業務および開発業務の効率を向上させることです。問題文はMRP（資材所要量計画）の目的です。

★ 問題 23 □□□

ディジタルサイネージは、不正利用を防止するためにデータに識別情報を埋め込む技術である。

問題 24 □□□

クラウドソーシングは、発注者がインターネット上で発注対象の業務内容や発注条件を告知し、受注者を募集する。

問題 25 □□□

セル生産方式は、作業指示と現場管理を見えるようにするために、かんばんを使用する。

★ 問題 26 □□□

3PLは、物流業務に加え、流通加工なども含めたアウトソーシングサービスを行い、また荷主企業の物流企画も代行する。

問題 27 □□□

インターネットを活用した広告手法のうち、行動ターゲティングは、スマートフォンなどのGPS機能を使い、利用者の現在地に合わせて、近隣の商業施設の広告を、利用者が見ているWebサイトに表示する。

問題 28 □□□

顧客との接点として注目されるチャットボットは、商品提案から販売、アフターサービスまでの、企業と顧客との双方向の対話を、AIを活用した自動応答機能などによって実現するシステムである。

キーワード㉓ ディジタルサイネージ

×　これは、電子透かしのことです。ディジタルサイネージは、ディスプレイに映像、文字などの情報を表示する電子看板です。

キーワード㉔ クラウドソーシング

○　クラウドソーシングのクラウドは「インターネット」を、ソーシングは外注を意味するアウトソーシングを指します。

キーワード㉕ セル生産方式

×　かんばんを使用するのは、かんばん方式です。セル生産方式は、部品の組立てから完成検査まで、ほとんどの工程を1人または数人で作業します。

キーワード㉖ 3PL

○　3PL (3rd Party Logistics) の3Pはサードパーティー (第三者機関) のことで、Logisticsは「物流」です。

キーワード㉗ 行動ターゲティング

×　これは、地域ターゲティングのことです。行動ターゲティングは、利用者のWebサイトの検索履歴や購買履歴などから利用者の興味・関心を解析し、関連した広告を表示します。

キーワード㉘ チャットボット

○　チャットボット (Chat Bot) のチャットは「おしゃべり」、ボットは「ロボット」の略です。

問題 29 □□□

オムニチャネルの特徴は、実店舗やインターネット上のオンラインストアなど、複数の顧客接点から同質の利便性で商品を注文・購入できることである。

問題 30 □□□

事業戦略のうち、新規事業に進出することによって、企業を成長させ、利益の増大を図るのは、浸透価格戦略に該当する。

問題 31 □□□

SEOは、Webページに掲載した広告が契機となって商品が購入された場合、売主から成功報酬が得られる仕組みである。

問題 32 □□□

SCMは、生産、販売、在庫管理、財務会計、人事管理など基幹業務のあらゆる情報を統合管理することによって、経営効率の向上を目的とする。

問題 33 □□□

技術は、理想とする技術を目指す過程において、導入期、成長期、成熟期、衰退期、そして次の技術フェーズに移行するという進化の過程をたどる。この技術進化過程を表すものは、技術のSカーブである。

問題 34 □□□

ベンチマーキングは、企業内に散在している知識を共有化し、全体の問題解決力を高めていく経営を行う。

キーワード㉙ オムニチャネル

○ オムニチャネルのオムニはオムニバス(Omnibus)からきていて、「包括する」といった意味があります。

キーワード㉚ 浸透価格戦略

× これは、拡大戦略に該当します。低価格戦略と積極的なプロモーションによって、新製品のマーケットシェアの増大を図るなら、浸透価格戦略に該当します。

キーワード㉛ SEO

× これは、アフィリエイトのことです。SEO(Search Engine Optimization)は、検索エンジンの検索結果一覧において自社サイトがより上位にランクされるようにWebページの記述内容を見直すなどさまざまな試みを行うことです。

キーワード㉜ SCM

× これは、ERPの目的です。SCMは、複数の企業や組織にまたがる調達から販売までの業務プロセスすべての情報を統合的に管理することによって、コスト低減や納期短縮などを目指します。

キーワード㉝ 技術のSカーブ

○ 技術進化過程を縦軸に取り、時間を横軸に取ったグラフは、S字を描きます。

キーワード㉞ ベンチマーキング

× これは、ナレッジマネジメントです。ベンチマーキングは、優れた業績を上げている企業などとの比較分析を行い、結果を自社の経営改革に活用します。

挑戦問題

問題 1 □□□

インターネットオークションにおいて、出品者と落札者の間の決済で使用されるエスクローサービスは、決済に使用されるクレジットカード情報を暗号化したり、正規のショップであることを認証局によって確認したりすることで、取引の安全を確保する仕組みのことである。

問題 2 □□□

必要なものやサービスが人々に過不足なく提供され、年齢や性別などの違いにかかわらず、誰もが快適に生活することができるとされる超スマート社会実現への取組みは、ダイバーシティ社会と呼ばれている。

問題 3 □□□

技術経営における課題のうち、死の谷は、コモディティ化が進んでいる分野で製品を開発しても、他社との差別化ができず、価値利益化ができないことである。

問題 4 □□□

IT投資に対する評価指標の設定に際し、バランススコアカードの手法を用いてKPIを設定する場合に、売上高営業利益率を前年比5%アップとするのは、内部ビジネスプロセスの視点に立ったKPIの例である。

問題 5 □□□

プロダクトポートフォリオマネジメント（PPM）における問題児は、市場成長率、市場占有率ともに低い製品である。資金創出効果は小さく、資金流出量も少ない。

キーワード① エスクローサービス

× これは、SET (Secure Electronic Transaction=機密保護電子商取引) のことです。エスクローサービスは、第三者の仲介業者が決済を仲介する仕組みのことで、この業者が落札者から送金を受け、商品の受渡し完了後に出品者へ送金を行うことで詐欺を防ぎます。

キーワード② Society 5.0

× 正しくは、Society 5.0と呼ばれています。ダイバーシティ社会は、性別、国籍、年齢、価値観などの多様性を受け入れ、人材を積極的に活用しようという考え方です。

キーワード③ 死の谷

× これは、魔の川のことです。死の谷は、先進的な製品開発に成功しても、事業化するためにはさらなる困難が立ちはだかっていることです。

キーワード④ KPI

× これは、財務の視点に立ったKPIの例です。内部ビジネスプロセスの視点に立ったKPIの例としては、たとえば、注文受付から製品出荷までの日数を3日短縮とするといったことがあります。

キーワード⑤ PPM

× これは、負け犬です。問題児は、市場成長率は高いですが、市場占有率が低い製品です。長期的な将来性を見込むことはできますが、資金創出効果の大きさはわかりません。

第8章 難関突破

問題 1

ある期間の生産計画において、表の部品表で表される製品Aの需要量が10個であるとき、部品Dの正味所要量は何個か。ここで、ユニットBの在庫残が5個、部品Dの在庫残が25個あり、他の在庫残、仕掛残、注文残、引当残などはないものとする。

レベル0		レベル1		レベル2	
品名	数量（個）	品名	数量（個）	品名	数量（個）
製品A	1	ユニットB	4	部品D	3
				部品E	1
		ユニットC	1	部品D	1
				部品F	2

ア 80　イ 90　ウ 95　エ 105

（平成30年秋期問73）

解答① イ

製品Aを1個作るのに、ユニットBが4個必要ですから、製品Aが10個なら、4×10=40個必要ですが、ユニットBの在庫残が5個ですから、実際に必要なのは、40−5=35個です。このユニットBを1個作るのに部品Dが3個必要ですから、合計で、35×3=105個の部品Dが必要です。

また、製品Aを1個作るのに、ユニットCが1個必要ですから、製品Aが10個なら、1×10=10個必要です。そして、ユニットCを1個作るのに部品Dが1個必要ですから、ユニットCを10個なら、10×1=10個の部品Dが必要です。

これで、必要な部品Dは、合わせて、105+10=115個ですが、部品Dの在庫残が25個ありますから、最終的な必要量=正味所要量は、115−25=90個になります。

問題 2 RFM分析において、特にR(Recency)とF(Frequency)をそれぞれ三つに分類した。表の各セルに対する考察のうち、適切なものはどれか。

		Frequency		
		20回以上	19〜5回	4回以下
Recency	60日以内	AA	AB	AC
	61〜120日	BA	BB	BC
	121日以上	CA	CB	CC

ア AAに分類される顧客には、2度目以降の再購入を促進する特典提示や購入のお礼状が重要である。

イ ACに分類される顧客には、コストを掛けてはならないので、マーケティング費用削減が重要である。

ウ CAに分類される顧客は、離反しているおそれがあるので、離反していないかの調査が重要である。

エ CCに分類される顧客に対しては、個人的なおもてなしを重視し、季節の挨拶などが重要である。

（平成28年秋期問69）

解答❷ ウ

R(Recency)は最終購買日、F(Frequency)は購買頻度、M(Monetary)は累計購買金額です。

ア　AAは、Fが20回以上、Rも60日以内という優良顧客ですので、「2度目以降の再購入を促進する特典提示」は不要です。ワントゥワンマーケティングにより、個人的なおもてなしを重視します。

イ　ACは、Rは60日以内ですが、Fが4回以下なので、もっとコストをかけてでも購入頻度を多くしてもらうようにします。

ウ　正しい。CAは、Fは20回以上ですが、Rが121日以上ですので、離反しているおそれがあります。

エ　CCは、マーケティングのターゲットとして適切ではありません。コストを掛けるべきではないので、個人的なおもてなしは必要ありません。

問題 3 ビッグデータを有効活用し、事業価値を生み出す役割を担う専門人材であるデータサイエンティストに求められるスキルセットを表の三つの領域と定義した。データサイエンス力に該当する具体的なスキルはどれか。

データサイエンティストに求められるスキルセット

ビジネス力	課題の背景を理解した上で，ビジネス課題を整理・分析し，解決する力
データサイエンス力	人工知能や統計学などの情報科学に関する知識を用いて，予測，検定，関係性の把握及びデータ加工・可視化する力
データエンジニアリング力	データ分析によって作成したモデルを使えるように，分析システムを実装，運用する力

ア 扱うデータの規模や機密性を理解した上で、分析システムをオンプレミスで構築するか、クラウドサービスを利用して構築するかを判断し、設計できる。

イ 事業モデル、バリューチェーンなどの特徴や事業の主たる課題を自力で構造的に理解でき、問題の大枠を整理できる。

ウ 分散処理のフレームワークを用いて、計算処理を複数サーバに分散させる並列処理システムを設計できる。

エ 分析要件に応じ、決定木分析、ニューラルネットワークなどのモデリング手法の選択、モデルへのパラメタの設定、分析結果の評価ができる。

（平成31年春期午前問63）

解答❸ エ

ア 「分析システムをオンプレミスで構築する」ので、「分析システムを実装、運用する力」のデータエンジニアリング力です。

イ 「事業の主たる課題を自力で構造的に理解でき」るので、「ビジネス課題を整理・分析し、解決する力」のビジネス力です。

ウ 「並列処理システムを設計」するのは、「分析システムを実装、運用する力」のデータエンジニアリング力です。

エ 「分析結果の評価ができる」のは、「検定、関係性の把握」のデータサイエンス力です。

これだけは覚えておきたい重要単語

- □ TCOは、総保有コストといい、取得と維持のためのすべてのコスト
- □ To-Beモデルは、業務と情報システムの理想を表すモデル
- □ ROIは、投資利益率
- □ オープンデータは、無償で利用できる形で公開された官民データ
- □ BABOKは、ビジネスアナリシス知識体系ガイド
- □ ファウンドリサービスは、他社からの製造委託を受けて製造
- □ プロダクトポートフォリオマネジメント（PPM）は、縦軸が市場成長率で横軸が市場占有率
- □ SECIモデルには、“表出化”、“連結化”、“内面化”、“共同化”の４つのプロセス
- □ TLOは、技術移転機関
- □ RPAは、ホワイトカラー（事務作業者）の仕事を自動化
- □ 3PLは、物流業務に加え、荷主企業の物流企画も代行
- □ エッジコンピューティングは、アプリケーション処理の低遅延化や通信トラフィックを最適化
- □ ディジタルサイネージは、ディスプレイに映像、文字などの情報を表示する電子看板

第9章

ストラテジ系 企業と法務

企業にはお金の出入りが伴いますが、きっちり1円まで管理する必要があります。簿記を学んだことがあるととても有利ですが、応用情報技術者試験で出てくる簿記の基本のほとんどは固定的なパターンばかりです。損益分岐点などの必須ポイントを押さえましょう。さらに、企業活動に関係する法令についても学びます。実は株式会社も法律で定められています。そして、この世の中には法律というルールがありますから、企業も法律と無縁ではいられません。その中の最小限の法律を学ぶ必要があります。

POINT 1 企業活動

問題 1 □□□

CIOが経営から求められる役割は、企業経営のための財務戦略の立案と遂行である。

問題 2 □□□

観測データを類似性によって集団や群に分類し、その特徴となる要因を分析する手法を、モンテカルロ法という。

★ **問題 3** □□□

財務評価だけでなく、社会的責任への取組みも評価して企業への投資を行うことは、SRIといえる。

問題 4 □□□

ワークサンプリング法は、実際の作業動作そのものをストップウォッチで数回反復測定して、作業時間を調査する。

★ **問題 5** □□□

BPOは、企業の目標を達成するために業務内容や業務の流れを可視化し、一定のサイクルをもって継続的に業務プロセスを改善するものである。

問題 6 □□□

BCPは、企業の戦略を実現するために、財務、顧客、内部ビジネスプロセス、学習と成長という四つの視点から戦略を検討したものである。

キーワード① CIO

× これはCFO(Chief Financial Officer)の役割です。CIO(Chief Information Officer)の役割は、ビジネス価値を最大化させるITサービス活用の促進です。

キーワード② クラスタ分析法

× モンテカルロ法は、乱数を用いたシミュレーションです。正しくは、クラスタ分析法といいます。

キーワード③ SRI

○ SRIは、Social Responsible Investmentの略で、社会的責任投資といいます。

キーワード④ ワークサンプリング法

× これは時間観測法のことです。ワークサンプリング法は、統計的な手法に基づいて作業時間を見積もります。

キーワード⑤ BPO

× 継続的に改善するのは、BPMです。BPO(Business Process Outsourcing)は、業務効率の向上、業務コストの削減を目的に、業務プロセスを対象としてアウトソース(外注)を実施するものです。

キーワード⑥ BCP

× これはバランススコアカードのことです。BCP(Business Continuing Plan＝事業継続計画)は、事業の中断・阻害に対応し、事業を復旧し、再開し、あらかじめ定められたレベルに回復するように組織を導く手順を文書化したものです。

問題 7 □□□

発生した故障について、発生要因ごとの件数を基に、故障発生件数で上位を占める主な要因を表現するのに適した図法は、パレート図である。

★ **問題 8** □□□

横軸にロットの不良率、縦軸にロットの合格率をとり、抜取検査でのロットの品質とその合格率との関係を表したものを、OC曲線という。

問題 9 □□□

定量発注方式では、発注量には経済的発注量を用いると効果的である。

問題 10 □□□

ガントチャートは、複数の属性項目の値を線で結び、その値のバランスを評価する場合に効果的である。

★ **問題 11** □□□

損益分岐点売上高は、固定費と変動費の和に等しい。

問題 12 □□□

専門的知識や経験を有する複数の人にアンケート調査を行い、その結果を互いに参照した上で調査を繰り返して、集団としての意見を収束させる手法を回帰分析という。

キーワード⑦ パレート図

○ パレート図は、降順に並んだ棒グラフと、その累積度数の折れ線グラフで構成されたものです。

キーワード⑧ OC曲線

○ OCはOperating Characteristicの略で、日本語では検査特性曲線と呼ばれます。

キーワード⑨ 定量発注方式

○ 定量発注方式では、時期は決まっていないものの、毎回同じ量（定量）を発注します。その量は、コストを最小にした経済的発注量を用います。

キーワード⑩ ガントチャート

× これは、レーダーチャートのことです。ガントチャートは、作業別に作業内容とその実施期間を棒状に図示したものであり、作業の予定や実績を示す場合に効果的です。

キーワード⑪ 損益分岐点売上高

○ 損益分岐点売上高というのは、売上高と費用（固定費と変動費の和）が等しい、利益がゼロときの売上高です。損益分岐点売上高＝固定費÷（1－変動費率）で表されます。

キーワード⑫ デルファイ法

× 正しくは、デルファイ法です。回帰分析とは、回帰モデルのパラメータを現状の指標をもとに推定することによって、将来を予測する手法です。

★ 問題 13 □□□

国際的な標準として取り決められた会計基準などの総称であり、資本市場の国際化に対し、利害関係者からみた会計情報の比較可能性や均質性を担保するものを、IFRSという。

問題 14 □□□

ワークシェアリングとは、専門業務や企画業務における労働時間を、実際の労働時間に関係なく労使協定であらかじめ取り決めた労働時間とみなすことである。

問題 15 □□□

プログラムのステップ数が多くなるほど、ステップ当たりのエラー数も多くなる傾向が見受けられたので、データを採って調べた。これを分析するのに最も適した図は、特性要因図である。

問題 16 □□□

製造業の企業が社会的責任を果たす活動の一環として雇用創出や生産設備の環境対策に投資することによって、便益を享受するステークホルダは、株主、役員、従業員に加えて、近隣地域社会の住民である。

問題 17 □□□

売上高500万円、変動費300万円、固定費180万円のとき、損益分岐点売上高は450万円である。

キーワード⑬ IFRS

○ IFRSはInternational Financial Reporting Standardsの略で、国際財務報告基準といい、アイファースまたはイファースと読みます。

キーワード⑭ ワークシェアリング

× これは、裁量労働制です。ワークシェアリングは「仕事」を「共有」することを意味し、従業員1人当たりの労働時間を短縮したり、仕事の配分方法を見直したりするなど、労働者間で労働を分かち合うことで雇用維持・創出を図ります。

キーワード⑮ 散布図

× 正しくは、散布図を使います。ステップ数を横軸、エラー数を縦軸にプロットすることで相関関係が調べられます。特性要因図は、原因と結果の関係を表します。

キーワード⑯ ステークホルダ

○ ステークホルダは「利害関係者」のことで、近隣地域社会の住民は環境対策の利害関係者になります。

キーワード⑰ 損益分岐点売上高

○ 変動費率＝300÷500＝0.6です。損益分岐点売上高＝固定費÷(1－変動費率)＝180÷(1－0.6)＝180÷0.4＝450万円です。

挑戦問題

問題 1 □□□

取得原価30万円のPCを2年間使用した後、廃棄処分し、廃棄費用2万円を現金で支払った。このときの固定資産の除却損は、廃棄費用も含めて17万円である。ここで、耐用年数は4年、減価償却方法は定額法、定額法の償却率は0.250、残存価額は0円とする。

問題 2 □□□

固定費が変わらないとき、変動費率が低くなると損益分岐点売上高は高くなる。

問題 3 □□□

定量発注方式における経済的発注量を計算したところ、600個であった。発注から納入までの調達期間は5日であり、安全在庫量が30個である場合、この購買品目の発注点は280個である。ここで、1日の平均消費量は50個であるとする。

問題 4 □□□

リーダに求められる機能として、PM理論がある。目標達成を急ぐ余り一部のメンバの意見を中心にまとめてしまい、他のメンバから抵抗を受けることが多い人は、P機能が大きく、M機能が小さいタイプである。

キーワード① 除却損

○ 毎年の減価償却費は取得原価×定額法の償却率=7.5万円ですが、2年間使用したので減価償却累計額は7.5×2=15万円です。すると、帳簿価額は取得原価-原価償却累計額=15万円になります。これを廃棄処分するのですから、廃棄費用も含めると除却損は15+2=17万円となります。

キーワード② 損益分岐点売上高

× 損益分岐点売上高=固定費÷(1－変動費率)ですから、変動費率が小さくなると分母の(1－変動費率の)部分が大きくなります。よって、割った結果の損益分岐点売上高は低くなります。

キーワード③ 発注点

○ 安全在庫量が30個ですので、最低30個は在庫がなければなりません。発注点は1日の平均消費量×調達期間+安全在庫量で計算できますから、50×5+30=280個が発注点になります。この場合、経済的発注量は関係ありません。

キーワード④ PM理論

○ 目標達成を急ぐのはP機能(Performance function)が大きく、他のメンバから抵抗を受けるのはM機能(Maintenance function)が小さいです。

POINT 2 法務

問題 1 □□□

職務著作のプログラムを、作成した担当者が独断で複製し他社に貸与することは、著作権法上、適法である。

問題 2 □□□

処理速度を向上させるために、購入したプログラムを改変することは、著作権法上、適法である。

問題 3 □□□

特許Aを家庭内で個人的に利用するだけの場合であっても、日本において特許Aを取得した特許権者から、実施許諾を受けることが必要になる。

問題 4 □□□

個人情報のうち、本人の病歴、犯罪の経歴など不当な差別や不利益を生むおそれのある情報は、個人情報保護法における要配慮個人情報に該当する。

★ **問題 5** □□□

下請代金支払遅延等防止法において、納品され受領したソフトウェアの仕様を変更したいという理由で返品することは、親事業者の違法となる。

問題 6 □□□

技術基準適合証明として用いられる技適マークは、日本国内で販売する電気用品が、日本の電気用品安全法の基準に適合していることを証明する。

問題 7 □□□

技術者倫理の観点から、技術者は職務遂行において、コストの低減よりも公衆の安全を優先すべきである。

キーワード① 著作権

×

職務著作のプログラムの著作権は、作成した担当者ではなく、会社にあります。したがって、独断で複製し、他社に貸与してはいけません。

キーワード② プログラムの著作物

○

プログラムの著作物については、このような効率化のための改変が著作権法で認められています。

キーワード③ 特許権

×

家庭内で個人的に利用するだけなら、実施許諾は不要です。

キーワード④ 個人情報保護法

○

要配慮個人情報とは、差別や不利益を生じさせないように、特別な配慮を要する個人情報です。

キーワード⑤ 下請代金支払遅延等防止法

○

仕様変更のための返品は、下請業者に責任のない一方的なものなので、認められません。

キーワード⑥ 技適マーク

×

これは、PSEマークのことです。技適マークは、電波を発する通信機器が、日本の電波法で定められた条件に適合していることを証明します。

キーワード⑦ 技術者倫理

○

技術者倫理の観点からは、公衆の安全の方がコストの低減よりも大切です。

問題 8 □□□

個人情報保護法で保護される個人情報は、企業が管理している顧客に関する情報に限られる。

★**問題 9** □□□

広告や宣伝目的の電子メールを一方的に送信することを規制する法律は、不正競争防止法である。

問題 10 □□□

ISO、IEC、ITUなどの国際標準に適合した製品を製造及び販売する利点として、WTO政府調達協定の加盟国では、政府調達は国際標準の仕様に従って行われる点がある。

問題 11 □□□

企業のWebサイトに接続してWebページを改ざんし、システムの使用目的に反する動作をさせて業務を妨害する行為を処罰の対象とする法律は、プロバイダ責任制限法である。

★**問題 12** □□□

資金決済法で定められている仮想通貨は、日本国内の事業者が運営するオンラインゲームでだけ流通する通貨である。

問題 13 □□□

ソフトウェアパッケージの重大な瑕疵が発見され、修復に時間が掛かったために販売先の業務に大混乱をもたらした。この事例は、製造物責任法(PL法)において製造物責任を問われる。

キーワード⑧ 個人情報

× 個人情報は、顧客に関する情報に限られません。従業員に関する情報も含まれますし、取引先についても同様です。

キーワード⑨ 特定電子メール法

× 正しくは、特定電子メール法です。不正競争防止法は、不正な競争を防止するものです。

キーワード⑩ 国際標準

○ 政府調達は国際標準の仕様に従って行われますので、国際標準に適合した製品は有利です。

キーワード⑪ 刑法

× Webページを改ざんするのは、電子計算機損壊等業務妨害罪にあたり、刑法で処罰されます。

キーワード⑫ 仮想通貨

× 仮想通貨は、不特定の者に対する代金の支払に使用可能で、電子的に記録・移転でき、法定通貨やプリペイドカードではない性質を持つ財産的価値です。オンラインゲームには限られません。

キーワード⑬ 製造物責任法（PL法）

× 製造物責任法（PL法）では、製造物（動産）を対象とします。ソフトウェアは無体物なので、対象となりません。

問題 14 □□□

リサイクル法に基づく規制に準拠した使用済PCの回収・再資源化に関し、家庭から廃棄される際に、PCリサイクルマーク付きのPCは、メーカや輸入販売業者の責任で回収・再資源化する。

問題 15 □□□

クリエイティブコモンズは、著作物の共有をより円滑に行うために、再利用の許諾条件を著作者があらかじめ明示する枠組みを策定して普及させようとする活動及びその運営主体である団体名である。

問題 16 □□□

特許で保護された技術を使っていないソフトウェア（自社開発したもの）であっても、他社へ使用許諾することは可能である。

問題 17 □□□

コンピュータウイルスを作成する行為を処罰の対象とする法律は、不正アクセス禁止法である。

問題 18 □□□

特定の分野ごとにWebページのURLを収集し、独自の解釈を付けたリンク集は、著作権法で保護され得る。

★問題 19 □□□

パテントプールは、特許料が無償でライセンスされている技術である。

キーワード⑭ リサイクル法

○ リサイクル法により、PCリサイクルマーク付きのPCは、廃棄の際に新たな金銭負担がありません。

キーワード⑮ クリエイティブコモンズ

○ クリエイティブコモンズ（CCと省略されます）が策定したライセンスは、クリエイティブコモンズ・ライセンス（CCライセンス）と呼ばれます。

キーワード⑯ 使用許諾

○ ソフトウェアは著作物ですので、特許で保護された技術を使っていなくても、使用許諾することは可能です。

キーワード⑰ 刑法

× 不正アクセス禁止法は、文字通り不正アクセスを禁止するものです。コンピュータウイルスを作成するのは、刑法のウイルス作成罪で処罰されます。

キーワード⑱ 著作権

○ 独自の解釈には、れっきとした著作権があります。

キーワード⑲ パテントプール

× これは、ライセンスのオープン化のことです。パテントプールは、特許プールといい、複数の企業が自社の特許権をもち寄り、特許権を一括して管理する仕組みです。

問題 20

企業が請負で受託して開発したか、または派遣契約によって派遣された社員が開発したプログラムの著作権の帰属に関し契約に定めがないとき、著作権の原始的な帰属は、請負の場合は発注元に帰属し、派遣の場合は派遣先に帰属する。

問題 21

ユーザから請け負うソフトウェア開発を下請業者に委託する場合、下請業者に委託する業務内容は決まっているが、ユーザとの契約代金が未定なので、下請代金の取決めはユーザとの契約決定後とするのは、下請代金支払遅延等防止法で禁止されている。

問題 22

技術者倫理の遵守を妨げる要因の一つとして、集団思考というものがあるが、これは組織内の権威に無批判的に服従することである。

問題 23

特許Aを日本国内で製造し、米国に輸出する製品に特許Aを利用する場合、日本において特許Aを取得した特許権者から、実施許諾を受けることが必要になる。

問題 24

サイバーセキュリティ基本法において、サイバーセキュリティの対象として規定されている情報は、電磁的方式によるかどうかは問われない。

キーワード20 著作権

✕ 職務著作のプログラムの著作権は、作成した担当者ではなく、会社にあります。したがって、請負の場合は発注先に帰属します。

キーワード21 下請代金支払遅延等防止法

○ 下請業者に委託する際は、下請代金の取決めは、書面で交付しなければなりません。

キーワード22 集団思考

✕ これは、権威主義的服従のことです。集団思考は、強い連帯性をもつチームが批判的思考を欠くことによって、不合理な合意へと達することです。

キーワード23 特許権

○ 製造も輸出も、特許権者から実施許諾を受けることが必要になります。

キーワード24 サイバーセキュリティ基本法

✕ 逆です。サイバーセキュリティ基本法では、電磁的方式によって記録、発信、伝送、受信される情報に限られます。

挑戦問題

問題 1 □□□

機器に組み込まれているROMに記録されたプログラムの瑕疵が原因で、その機器の使用者に大けがをさせることは、製造物責任法(PL法)において製造物責任を問われる。

問題 2 □□□

個人情報保護法で保護される個人情報は、生存している個人に関する情報に限られる。

問題 3 □□□

日本において、産業財産権と総称される四つの権利は、意匠権、実用新案権、著作権、特許権である。

問題 4 □□□

発注者と受注者の間でソフトウェア開発における請負契約を締結した。ただし、発注者の事業所で作業を実施することになっている。この場合、指揮命令権は発注者にあり、受注者に所属する作業者は、新たな雇用契約を発注者と結ぶ。

問題 5 □□□

A社では、社員のソーシャルメディア利用に関し、業務利用だけでなく私的利用における注意事項も取りまとめ、ソーシャルメディアガイドラインを策定した。このように私的利用も対象とするガイドラインが必要とされる理由は、ソーシャルメディア上の行為は社員だけでなくA社にも影響を与えるためである。

キーワード① 製造物責任法（PL法）

○ プログラムは製造物ではありませんが、組み込んだ機器は製造物ですので、製造物責任を問われます。

キーワード② 個人情報

○ 個人情報保護法では、個人情報とは「生存する個人に関する情報」であると定義されています。なので、死者に関する情報は含まれません。

キーワード③ 産業財産権

× 正しくは、意匠権、実用新案権、商標権、特許権の４つです。著作権は、知的財産権ではありますが、産業財産権ではありません。

キーワード④ 請負契約

× 請負契約では、指揮命令権は発注者でなく受注者にあります。受注者に所属する作業者は、新たな雇用契約を発注者と結ぶことなく、発注者の事業所で作業を実施します。

キーワード⑤ ソーシャルメディアガイドライン

○ ソーシャルメディア上の行為は社員だけでなくＡ社にも影響を与えるので、私的利用も対象とするソーシャルメディアガイドラインが必要です。

第9章 難関突破

問題 1 損益分岐点分析でA社とB社を比較した記述のうち、適切なものはどれか。

単位 万円

	A社	B社
売上高	2,000	2,000
変動費	800	1,400
固定費	900	300
営業利益	300	300

ア 安全余裕率はB社の方が高い。

イ 売上高が両社とも3,000万円である場合、営業利益はB社の方が高い。

ウ 限界利益率はB社の方が高い。

エ 損益分岐点売上高はB社の方が高い。

（令和元年秋期問77）

解答① ア

損益分岐点売上高だけを先に求めておきます。
損益分岐点売上高=固定費÷(1−変動費率)=
固定費÷(1−変動費÷売上高)です。

A社の損益分岐点売上高=900÷(1−800÷2,000)=
900÷(1−0.4)=900÷0.6=1,500
B社の損益分岐点売上高=300÷(1−1,400÷2,000)=
300÷(1−0.7)=300÷0.3=1,000

ア　安全余裕率=(売上高−損益分岐点売上高)÷売上高
です。
A社の安全余裕率=(2,000−1,500)÷2,000=
500÷2,000=0.25
B社の安全余裕率=(2,000−1,000)÷2,000=
1,000÷2,000=0.5
安全余裕率はB社の方が高いので、正解です。

イ　営業利益=売上高−(変動費+固定費)です。売上高が3,000万円になっても固定費は変わりませんが、変動費は変わります。
B社はA社と比べて変動費率が高いです。そのため、A社と同じように売上高が上がっても、変動費がA社以上に高くなるため、営業利益の上げ幅は小さくなります。よって誤りです。

ウ　限界利益率=(売上高−変動費)÷売上高です。
A社の限界利益率=(2,000−800)÷2,000=
1,200÷2,000=0.6
B社の限界利益率=(2,000−1,400)÷2,000=
600÷2,000=0.3
限界利益率はB社の方が低いので、誤りです。

エ　損益分岐点売上高はB社の方が低いので、誤りです。

問題 2

図は、ある製品ロットの抜取り検査の結果を表すOC曲線（検査特性曲線）である。この図に関する記述のうち、適切なものはどれか。

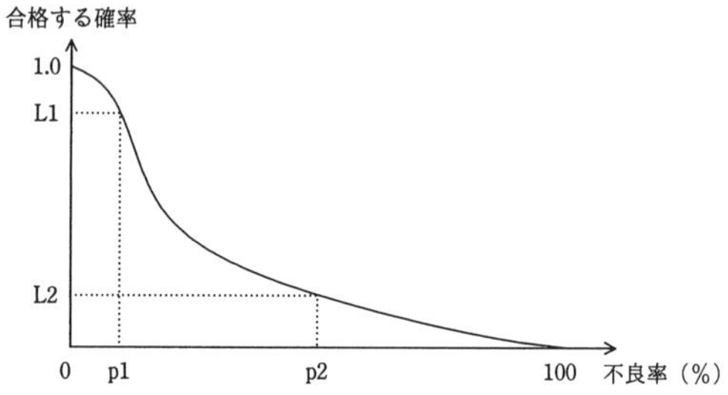

ア p1％よりも大きい不良率のロットが合格する確率は、L1よりも大きい。

イ p1％よりも小さい不良率のロットが不合格となる確率は、（1.0－L1）よりも大きい。

ウ p2％よりも大きい不良率のロットが合格する確率は、L2よりも小さい。

エ p2％よりも小さい不良率のロットが不合格となる確率は、L2よりも小さい。

（平成30年春期問74）

解答❷ ウ

ア 曲線は右下がりですから、p1%よりも大きい不良率では、合格する確率はL1よりも小さくなり、誤りです。

イ 曲線は左上がりですから、p1%よりも小さい不良率では、合格する確率はL1よりも大きくなります。すると、不合格となる確率は、1.0とL1との差であり、(1.0−L1)よりも小さくなります。したがって、誤りです。

ウ 曲線は右下がりですから、p2%よりも大きい不良率では、合格する確率はL2よりも小さくなり、正しいです。

エ 曲線は左上がりですから、p2%よりも小さい不良率では、合格する確率はL2よりも大きくなります。すると、不合格となる確率は、1.0とL2との差で、(1.0−L2)よりも小さくなります。したがって、誤りです。

問題 3　ビッグデータ分析の手法の一つであるデシジョンツリーを活用してマーケティング施策の判断に必要な事象を整理し、発生確率の精度を向上させた上で二つのマーケティング施策a、bの選択を行う。マーケティング施策を実行した場合の利益増加額（売上増加額－費用）の期待値が最大となる施策と、そのときの利益増加額の期待値の組合せはどれか。

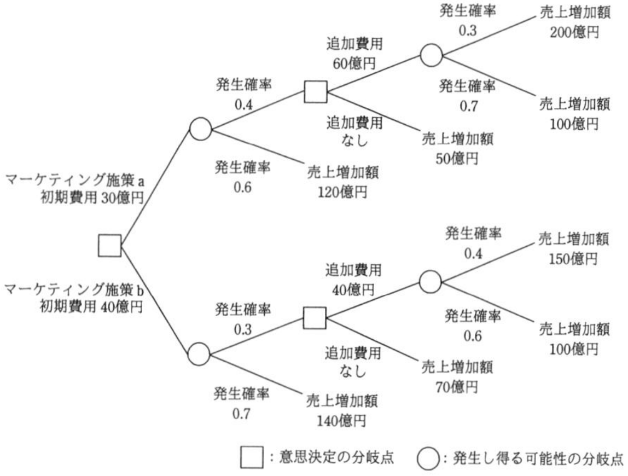

	施策	利益増加額の期待値（億円）
ア	a	70
イ	a	160
ウ	b	82
エ	b	162

（令和元年秋期問74）

解答❸ ウ

基本的に、期待値＝確率×値の合計ですが、多少複雑なデシジョンツリーになっています。

マーケティング施策aの場合、最初に確率0.4と0.6に分かれますが、確率0.4のときの売上増加額を計算しなければなりません。これは、追加費用を払うか否かで2通りに分れます。追加費用なしの場合の売上増加額は50億円ですが、追加費用60億円のときの売上増加額は、0.3×200億円+0.7×100億円＝130億円です。

すると、追加費用60億円を差し引いて、130－60＝70億円となり、追加費用なしの場合の売上増加額よりも大きいですから、追加費用60億円を払う方を選択するべきです。その結果、マーケティング施策aの場合は、初期費用30億円がかかるので、0.4×70+0.6×120－30＝70億円が期待されます。

同様に、マーケティング施策bの場合、最初に確率0.3と0.7に分かれますが、確率0.3のときの売上増加額を計算しなければなりません。これは、追加費用を払うか否かで2通りに分れます。追加費用なしの場合の売上増加額は70億円ですが、追加費用40億円のときの売上増加額は、0.4×150億円+0.6×100億円＝120億円です。すると、追加費用40億円を差し引いて、120－40＝80億円となり、追加費用なしの場合の売上増加額よりも大きいですから、追加費用40億円を払う方を選択するべきです。

その結果、マーケティング施策bの場合は、初期費用40億円がかかるので、0.3×80+0.7×140－40＝82億円が期待されます。

以上の結果、利益増加額の期待値が最大となる施策はbで、そのときの利益増加額の期待値は82億円です。

これだけは覚えておきたい重要単語

- □ BPOは、業務プロセスを対象としてアウトソース（外注）
- □ ステークホルダは、利害関係者
- □ ワークシェアリングは、労働者間で労働を分かち合う
- □ SRIは、社会的責任投資
- □ OC曲線は、横軸にロットの不良率、縦軸にロットの合格率
- □ IFRSは、国際財務報告基準
- □ 損益分岐点売上高＝固定費÷（1－変動費率）＝固定費÷（1－変動費÷売上高）
- □ パテントプールは、複数の企業が自社の特許権をもち寄り、特許権を一括して管理する仕組み
- □ 特定電子メール法は、広告や宣伝目的の電子メールを一方的に送信することを規制する法律
- □ 仮想通貨は、不特定の者に対する代金の支払に使用可能な財産的価値
- □ 産業財産権は、特許権（高度な発明）、実用新案権（考案）、意匠権（デザイン）、商標権（マーク）

索引

記号・数字

2進数 …… 13
26進数 …… 13
2相コミットプロトコル …… 81
3PL …… 195
4P …… 191
8進数 …… 9

アルファベット

AACS …… 35
ACID特性 …… 73
AES …… 107
AR …… 91
ARP …… 93
As-Isモデル …… 175
B+木インデックス …… 85
BABOK …… 179
BCP …… 209
BI …… 177
Bluetooth …… 53
BPM …… 209
BPO …… 209
BPR …… 181
B木 …… 21
CASCADE …… 85
CDN …… 41
CFO …… 209
CIO …… 209
CMMI …… 135
COCOMO …… 145
CPU利用率 …… 41
CRL …… 107
CRM …… 183, 189
CSMA/CD …… 91
DFD …… 181
DisplayPort …… 37
DNSSEC …… 115
DNSキャッシュポイズニング …… 105, 111
DRAM …… 51, 53
EDI …… 193
EJB …… 51
EMS …… 179
ERP …… 51, 185, 191, 197
E-R図 …… 133
E-Rモデル …… 69
EVM …… 143
FIFO …… 17
GRANT文 …… 75
H.264/MPEG-4 …… 69
Hadoop …… 51
HTTPS …… 109
ICMP …… 93
IFRS …… 213
IMAP4 …… 97
IPv6 …… 95
IPアドレス …… 97, 101
IPマスカレード …… 91, 99
ITIL …… 155
IT投資ポートフォリオ …… 185
JavaBeans …… 57
J-CRAT …… 111
JSON …… 17
KGI …… 187
KPI …… 157, 187, 199
LIFO …… 17
LRU …… 49
LSI …… 185
Man-in-the-Browser攻撃 …… 111
MathML …… 133
MPEG-1 …… 81
MRP …… 193
MTBF …… 41, 43
MTTR …… 41, 43
MVC …… 131

NAND型フラッシュメモリ …… 35
NAPT …… 91, 99, 115
NFV …… 91
NISC …… 111
NoSQL …… 75
OC曲線 …… 211
OSコマンドインジェクション攻撃 …… 109
PDCA …… 155
PDM …… 193
ping …… 93
PMBOK …… 143
PMO …… 143, 147
PM理論 …… 215
PPM …… 187, 199
PPP …… 95
PSEマーク …… 217
RAM …… 51
RARP …… 93
RDBMS …… 71, 75
REVOKE文 …… 75
RFI …… 179
RFID …… 53
RFP …… 179
ROI …… 175
RPA …… 189
RSA …… 103, 107
RTSP …… 69
S/MIME …… 97
SAN …… 39
SCM …… 191, 197
SDN …… 97
SDXC …… 35
SECIモデル …… 189
SEO …… 197
SEOポイズニング …… 107
SET …… 199
SFA …… 189
SIEM …… 103, 113
SLA …… 181
SMIL …… 67
SOA …… 185
SOAP …… 97
SoC …… 53
Society 5.0 …… 199
SPF …… 117
SQLインジェクション攻撃 …… 109
SRAM …… 35, 51
SRI …… 209
SSD …… 53
SSH …… 117
SSID …… 91
SVG …… 69
SysML …… 133
TCO …… 175
TLO …… 189
To-Beモデル …… 175
TOC …… 43
TOF方式 …… 11
TPM …… 113
UML …… 177, 181
USB 3.0 …… 37
VDI …… 119
VLIM …… 33
VRBP …… 95
WAF …… 115
WPA2-PSK …… 115
XOR …… 57
XSS …… 105
ZigBee …… 37

あ行

アカウントアグリゲーション …… 183
アキュムレータ …… 33
アクセシビリティ …… 67, 77
アクセス権 …… 167
アクセスコントロール機能 …… 165
アクセスポイント …… 115
アクチュエータ …… 51
アクティビティ図 …… 177

アジャイル開発 …… 135
アドレス指定方式 …… 33
アフィリエイト …… 197
アンゾフの成長マトリクス …… 191
アンチエイリアシング …… 71
移行判定フェーズ …… 167
イテレーション …… 133
イベントドリブン …… 135
インシデント及びサービス要求管理 …… 155
インスペクション …… 131
インタビュー法 …… 159
ウイルス作成罪 …… 221
ウォードライビング …… 107
ウォッチドッグタイマ …… 55
請負契約 …… 225
打ち切り誤差 …… 9
エキスパートシステム …… 11
エクスプロイトコード …… 103
エスクローサービス …… 183, 199
エッジコンピューティング …… 193
エネルギーハーベスティング …… 51
オーバーライド …… 19
オーバーロード …… 19
オープンイノベーション …… 191
オープンデータ …… 177
オブジェクト指向アプローチ …… 131
オブジェクト指向データベース …… 75
オムニチャネル …… 197
音声サンプリング …… 13
音声ペイロード …… 99

か 行

カーニング …… 81
ガーベジコレクション …… 49
回帰分析 …… 11, 211
改善勧告 …… 161, 163
改善指導 …… 161
概念スキーマ …… 71
開発検討フェーズ …… 167
外部委託管理 …… 163
外部キー制約 …… 85
拡大戦略 …… 197
拡張現実 …… 81
確率 …… 13
仮想記憶 …… 35, 47
仮想通貨 …… 219
稼働率 …… 41
金のなる木 …… 187
カバレージ …… 51
可用性 …… 161
可用性管理 …… 157
関係演算 …… 75
関係データベース …… 71, 73, 75
監査規定 …… 161
監査手続 …… 159
完全２分木 …… 17
完全性 …… 161
ガントチャート …… 143, 211
かんばん方式 …… 195
キーロガー …… 103
技術者倫理 …… 217
技適マーク …… 217
機能適合性 …… 137
機能要件 …… 177
キャッシュポイズニング攻撃 …… 117
キャッシュメモリ …… 35, 37
キャパシティプランニング …… 43
教師なし学習 …… 11
共通鍵暗号方式 …… 107
共有ロック …… 69
許容逸脱率 …… 165
近似値 …… 15
クイックソート …… 19
クラウド …… 121
クラウドサービス …… 165, 181, 185
クラウドソーシング …… 195
クラス …… 131
クラス図 …… 135
クラスタ分析法 …… 209

クラッシング …… 143
クリエイティブコモンズ …… 221
グリッドコンピューティング …… 39, 193
クロス開発 …… 133
クロスサイトスクリプティング …… 105, 117, 121
経済的発注量 …… 211
警報 …… 219
ゲートウェイ …… 93
桁落ち …… 9
権威主義的服従 …… 223
限界値分析 …… 137
コアコンピタンス …… 187
公開鍵暗号方式 …… 107
虹彩認証 …… 109, 113
構成管理 …… 157
可監査性 …… 159
行動ターゲティング …… 195
構文解析 …… 51
候補キー …… 81
互換性 …… 137
国際標準 …… 219
個人情報 …… 219, 225
個人情報保護法 …… 217
コラボレーション図 …… 137
コンデンサ …… 51
コンバージョン率 …… 191
コンフィギュレーション・マネジメント …… 147

さ行

サーバ証明書 …… 109
サービス・パッケージ …… 155
サービスマネジメントシステム …… 155
サービスレベル管理 …… 155
サーフェスモデル …… 67
再帰 …… 17
再帰関数 …… 19, 23
サイバーセキュリティ基本法 …… 223
サイバーセキュリティ経営ガイドライン …… 121
裁量労働制 …… 213
先入先出法 …… 17
サブスクリプション …… 179
サブミッションポート …… 119
差分バックアップ …… 159
差別価格 …… 191
産業財産権 …… 225
サンドボックス …… 115
散布図 …… 213
シェルソート …… 19
時間計測法 …… 209
事業影響度分析 …… 155
事業継続計画 …… 175
システム化構想 …… 183
システム監査人 …… 161, 163
事前評価 …… 183
下請代金支払遅延等防止法 …… 217, 223
実行のプロセス群 …… 143
指摘事項 …… 165
死の谷 …… 199
シノニム …… 21
ジャイロセンサ …… 193
集団思考 …… 223
準委任契約 …… 181
使用許諾 …… 221
状態遷移図 …… 135, 177
情報落ち …… 11
情報化投資計画 …… 183
情報セキュリティの三要素 …… 111
情報セキュリティ方針 …… 121
情報戦略 …… 175
除却損 …… 215
処理件数 …… 45
シンクライアント …… 39
浸透価格戦略 …… 197
シンプロビジョニング …… 39

信頼性 131
スイッチングハブ 91
スーパスカラ 33
スケールアウト 37
スコープコントロール 147
スタック 17
スタック領域 49
スタブ 135
ステークホルダ 213
ストアドプロシージャ 75
スラッシング 47
正規化 73
正規分布 9
生産性 147
製造物責任法 219, 225
積集合 9
セッションハイジャック 103, 117
セマフォ 47
セル生産方式 195
線形リスト 17
全体最適化計画 175
専有ロック 69
相関係数 9
相変化メモリ 35
ソーシャルメディアガイドライン 225
損益分岐点売上高 211, 213, 215

た行

ダークネット 103
ターゲットリターン価格設定 191
耐タンパ性 55, 121
楕円曲線暗号 103
多段階契約 181
地域ターゲティング 195
チャットボット 195
チャレンジャ戦略 187
チャレンジレスポンス 105
中央サービスデスク 167
著作権 217, 221, 223
ディープラーニング 11
ディザリング 67, 81
ディジタルサイネージ 195
ディジタルツイン 189
ディジタルフォレンジックス 113
ディスクキャッシュ 35
定性的リスク分析 145
定量的リスク分析 145
定量発注方式 211
ディレクトリトラバーサル攻撃 105
データ中心分析・設計技法 131
データディクショナリ 73
データ転送速度 45
データマート 77
データマイニング 77
データレイク 71
デスクトップグリッド 39
テストカバレージ分析ツール 51
デッドロック 47
デュプレックスシステム 189
デルファイ法 211
電子透かし 195
伝送時間 99
統制 165
動的再配置 49
動的リンキング 49
トークンパッシング方式 91
特性要因図 213
特定電子メール法 219
特許権 217, 223
ドライバ 135
ドライブバイダウンロード攻撃 107
トレンドチャート 143

な行

内部スキーマ 71
内部統制 163
ナレッジマネジメント 197

二段階認証 …… 103
ニッチ戦略 …… 187
ニモニックコード …… 67
認知的ウォークスルー …… 77
ノンプリエンプティブ …… 49

は行

パーサ …… 51
バーチャルデスク …… 157
パーティション分割 …… 39
ハードウェアタイマ …… 55
ハイパバイザ …… 39
パイプライン処理 …… 57
ハイブリッド暗号方式 …… 109
パケットフィルタリング型
　ファイアウォール …… 115
パスワード …… 107
パスワードリスト攻撃 …… 109
ハッシュ関数 …… 21, 23
発注点 …… 215
バッファオーバーフロー …… 117
バッファオーバーフロー攻撃 …… 105
パテントプール …… 221
花形 …… 187
ハフマン符号 …… 11
バブルソート …… 19
ハミング符号 …… 35
パラメトリック見積り …… 147
バランススコアカード …… 209
バリューチェーン …… 187
パレート図 …… 211
パワーゲーティング …… 53
パンくずリスト …… 67
半導体ファブレス企業 …… 179
汎用レジスタ …… 33
ヒープソート …… 19
ヒープ領域 …… 49
被監査部門 …… 161
非機能要件 …… 177
ビット誤り率 …… 99
ビット演算 …… 15
否認防止 …… 113
ファイブフォース分析 …… 187
ファウンドリ …… 185
ファウンドリサービス …… 179
ファジング …… 119
ファブレスメーカ …… 185
ファンクションポイント法 …… 145
フールプルーフ …… 133
フェールセーフ …… 39
フェールソフト …… 39
フォールスネガティブ …… 113
フォールスポジティブ …… 113
フォールトアボイダンス …… 37
フォロー・ザ・サン …… 157
フォワードプロキシ …… 93
負荷テスト …… 137
不正アクセス禁止法 …… 221
プラグイン …… 41
フラッシュメモリ …… 53
プラットフォーム開発 …… 133
プリエンプション …… 49
ふりかえり …… 135
ブルートフォース攻撃 …… 103
ブルーフリスト …… 167
ブロードキャストストーム …… 93, 95
プログラムマネジメント …… 175
プログラムレジスタ …… 33
プロジェクトチーム …… 143
プロジェクトマネージャ …… 143
プロジェクトマネジメント・オフィス
　…… 147, 175
ブロックチェーン …… 119
プロファイラ …… 51
分解能 …… 55
ペアプログラミング …… 133, 135
平均検索応答時間 …… 45
平均ビット数 …… 15
ページフォールト …… 47
ペトリネット …… 133

ペネトレーションテスト …… 137, 159
変更管理 …… 157
ベンチマーキング …… 197
ベンチマークテスト …… 43
保守 …… 137
保守性 …… 131, 145
ホストアドレス …… 101
ボトムアップ見積り …… 147
ポリモーフィック型マルウェア …… 105
本調査 …… 163

ま行

負け犬 …… 199
待ち行列モデル …… 15
魔の川 …… 199
マルチコアプロセッサ …… 33
マルチホーミング …… 95
水飲み場型攻撃 …… 111
ミラーリング …… 39
命令レジスタ …… 33
メタボール …… 69
メモリ …… 21
メモリインタリーブ …… 33, 35
網羅性 …… 161
モジュールの結合度 …… 131
モニタリング …… 43
問題管理 …… 155
問題児 …… 199
モンテカルロ法 …… 23, 209

や行

有限オートマトン …… 13
ユーザビリティ …… 77
ユースケース図 …… 131, 137, 177
要件定義プロセス …… 177
予備調査 …… 163

ら行

ライトバック …… 37
ライブマイグレーション …… 39
ラウンドロビン …… 47
ランレングス法 …… 11
リアルタイムシステム …… 11
リサイクル法 …… 221
リスク回避 …… 145
リスク軽減 …… 145
リスク受容 …… 145
リスク転嫁 …… 145
リスクベース認証 …… 103
リバースエンジニアリング …… 135
リバースプロキシ …… 93, 97, 115
リファクタリング …… 135
リプレイアタック …… 103
ルータ …… 93
レイトレーシング …… 71
レインボー攻撃 …… 109
レーダーチャート …… 211
レンダリング …… 67, 69
ローカルサービスデスク …… 167
ロールバック …… 71
ロールフォワード …… 71
ロングテール …… 193
論理回路 …… 57
論理式 …… 9

わ行

ワークサンプリング法 …… 209
ワークシェアリング …… 213
ワイヤーフレームモデル …… 67

⁘ 著者紹介
近藤 孝之（こんどう たかゆき）
1956年宮城県仙台市生まれ。東北大学工学部卒。専門学校や予備校で、IT関係・簿記・販売士・一般常識をはじめとして、公務員試験の数的推理・判断推理、数学と理科（物理・化学・生物・地学）など様々な分野を幅広く教える。現在、東北電子専門学校講師。第一種情報処理技術者。主な著書に「音声講義聞いたらわかったSPI」（一ツ橋書店）、「徹底攻略動画で学ぶITパスポート」、「徹底攻略コンドウ式日商簿記3級8時間の合格（うか）る授業テキスト」（以上インプレス）などがある。

著者ホームページ ● http://kondousiki.in.coocan.jp

カバーデザイン
安食正之（北路社）
カバーイラスト
川原桂子
本文デザイン＆レイアウト
五野上恵美
編集
栗木琢実

● 本書に関するご質問は、FAX・書面でお願いいたします。電話での直接のお問い合わせには一切お答えできませんので、あらかじめご了承ください。また、弊社のWebサイトでもお問い合わせ用フォームを用意しておりますのでご利用ください。
● ご質問の際には、書名と該当ページ、メールアドレスやFAX番号などの返信先を必ず明記してください。
● お送りいただいたご質問には、できる限り迅速に対応するよう努力いたしますが、場合によってはお時間をいただくこともございます。なお、ご質問は、本書に記載されている内容に関するもののみとさせていただきます。
● ご質問の際に記載いただいた個人情報は、質問の返答以外の目的には使用いたしません。また、質問の返答後は速やかに削除させていただきます。

お問い合わせ先
〒162-0846
東京都新宿区市谷左内町 21-13　株式会社技術評論社　書籍編集部
「要点確認これだけ! 応用情報技術者【午前】ポケット○×問題集」　質問係
FAX：03-3513-6183　Web：https://gihyo.jp/book

要点《ようてん》確認《かくにん》これだけ！
応用情報技術者《おうようじょうほうぎじゅつしゃ》【午前《ごぜん》】ポケット○×問題集《もんだいしゅう》

2020年11月20日　初版　第1刷発行

著　者　近藤孝之《こんどうたかゆき》
発行者　片岡　巌
発行所　株式会社 技術評論社
　　　　東京都新宿区市谷左内町21-13
　　　　電話　03-3513-6150　販売促進部
　　　　　　　03-3513-6166　書籍編集部
印刷／製本　昭和情報プロセス株式会社

定価はカバーに表示してあります。

造本には細心の注意を払っておりますが、万一、乱丁（ページの乱れ）や落丁（ページの抜け）がございましたら、小社販売促進部までお送りください。送料小社負担にてお取り替えいたします。

ISBN978-4-297-11678-1 C3055
Printed in Japan